日本建築師最懂！舒適好宅設計無私大公開

How to Design
the Ultimate
Beautiful Houses 2

彥根明＝著　　紀奕川＝譯

序

拙著《住宅設計新美學：看頂尖建築師詮釋個居家空間設計巧思》２０１１年１２月時在日本出版問世。這本書獲得讀者的好評遠遠超出預期，因此接受諮詢和詢問的機會也突然變多了，我想應該要更深入地考察關於打造出美學住宅的一些方法，於是再度執筆。本書闡述重點為考量整體的建構方法及介紹各個細節部分的想法和訣竅，除延續承襲先前一貫的風格之外，也加入隨著時代脈動而更新的一些主題等等，希望朝著更加充實的內容來邁進。

我認為美是一種平衡（balance）。對於包含住宅在內的所有建築物，也涵容著周邊許多事物，一切均有所關連。在各項條件要素考量之下與平衡一併做出統整，展現出建築物的美，與建築師一起討論思考完成最初原本的建造這個家的目的，換句話說也就是大家一起共同探究美是什麼。

關於本書的部分著述內容在前書雖也曾闡述過，但前書的內容主要著重於「美宅」具體來說大概具備些什麼，例如取得均衡勻稱的比例，和端正的配置方式等，具美學的建築物雖確實存在，然而本書想引發思考的是：住宅本身所追求的，是否只有建築本體的美而已呢？

當眺望窗外季節變換時景色的更迭，令人心地溫暖的陽光灑進屋內的瞬間，感受到風在流動的時刻，看見庭院裡花草樹木的模樣時，讓住在這個家的所有成員感受到真摯地美的，不就是這些嗎？無論是住在家中一天一天長大的小孩們可愛的模樣，還是家人的每一個笑容等，都是為感受到生活本身在本質上所有美的時刻，所需具備的一些重要因素。家這樣的建物，是依靠在各種各樣不同的生活方式與環境所存在，我認為這些應該是最重要的。例如即使是在住宅密集的地區，也想出辦法讓居住者的眼睛可以望向天空，這樣類似接近大自然的連結是很重要的一環，另一方面也要顧及到保護居住者的個人隱私，以上種種因素讓居住者建構出與家人間的良好關係。一個好的住宅除了能夠貼近居住者的生活方式和環境之外，也希望能夠提供讓居住者看見「最美好的一處風景」，不是嗎？

如果這本書能夠對往後有計畫建造自己的家的讀者，及與建造一個家的工作有相關聯的人們帶來幫助的話，個人覺得是很幸福的事情。

2015年4月

彥根明

有關本書出現的符號標記

室內空氣與風的流動：藍色實線箭頭

視線的動線及方向：紅色虛線箭頭

陽光照射及照明的光線：黃色實線箭頭

表示居住者的動線：紫色虛線箭頭

編集・図版作成協力：高田綾子　編集・コピー：相川藍（Lyric）　デザイン：早川渡（Lyric）

照片攝影：彥根明（以下除外）

Nacasa & Partners：p10/11/104下/224右下/244/245左右上、井上玄：p40/69/72上/182/183/184、今村壽博：p38/63/108/171

水谷綾子：p34/35/138/141/142/143、黒住直臣：p54/55/123/124/125/126/127/128/144

永野佳世：p146/147/148、彥根藍矢：p255

目錄

中庭帶來的魔法效果

在大都會裡蓋一間像別墅的家

美感式住宅的重建與改造

Room Index
房間／空間用途別索引

在主建築旁透過茶室所看見的庭院

透著窗戶可以看到自己的家，應該會很開心。如果又能看到在旁邊有庭院應該會更開心吧。待在家裡的時間，從與庭園的對話中，能帶給生活豐滿與滋潤。

隔著餐桌看見茶室（用茶空間，和式建築用語）。還可以看見旁邊的茶庭

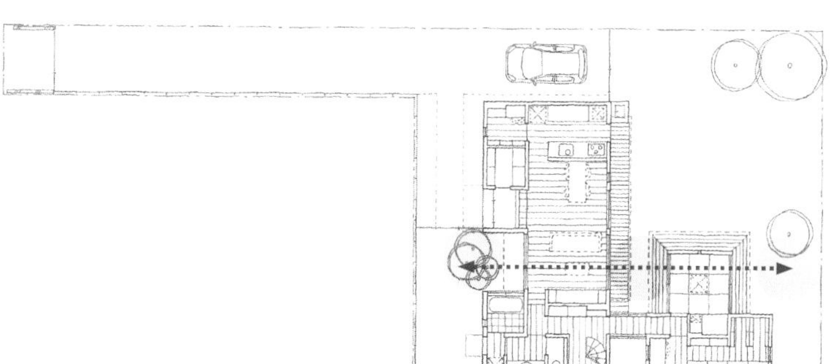

庭院與室內相互交替的視野，依著季節、天候、時刻的變化給予豐富的印象

過去除了可移動式的梯子能獲准認可外，現在通往閣樓的樓梯也漸漸開始受到認可

屋頂小閣樓的固定樓梯設計關鍵

近年來（約2010年開始），日本對於在屋頂樓層設置固定用樓梯發給許可的行政單位逐漸增加。這樣的話，通往閣樓的樓梯也因此需用心設計。這是一樓通往二樓的樓梯，設計出可以讓樓梯上方的光與風穿透的踏板。

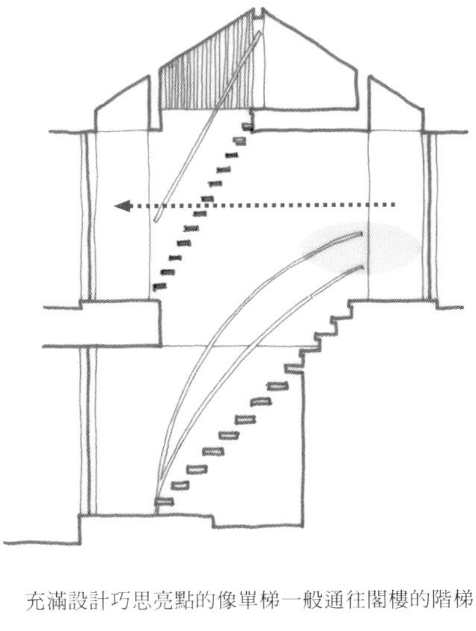

充滿設計巧思亮點的像單梯一般通往閣樓的階梯

頂樓單梯狀階梯投射出美麗的光影

進入玄關後所見之物 1

家的入口大部分位在較為幽暗雅緻的地方。圖中所見的玄關入口，在上了階梯之後可做為前方從地板到天井的一片窗，並在視覺焦點的正前方種了一棵樹。雖然還是一棵剛種下去、稍顯瘦弱的小樹，但期望不久之後它能夠成為象徵守護這個家的一棵大樹。

上樓梯之後，因前方會看到建築物外部的風景，玄關的意象因此為之改變

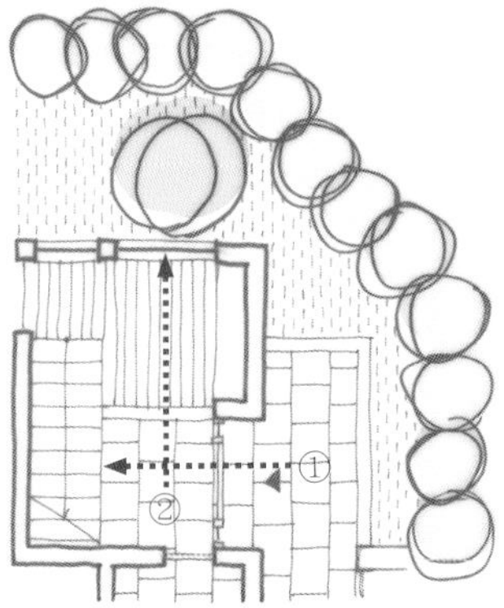

① 進入玄關首先映入眼簾的樓梯

② 往樓上的梯間，可以看到作為視覺焦點、象徵守護這個家的樹

小閣樓收納也能成為一個重點房間

只有被限縮過的光線和隔間牆，提供無限幻想的空間

在小閣樓進行收納時，不需要昂貴的家具或特殊的設備。這裡的確是家裡重要的一處空間。當然希望可以有具備機能性且不過度浪費的收納道具，且如果能夠導入令人心情舒暢的光與風的話，這裡也能成為一處極好的所在。

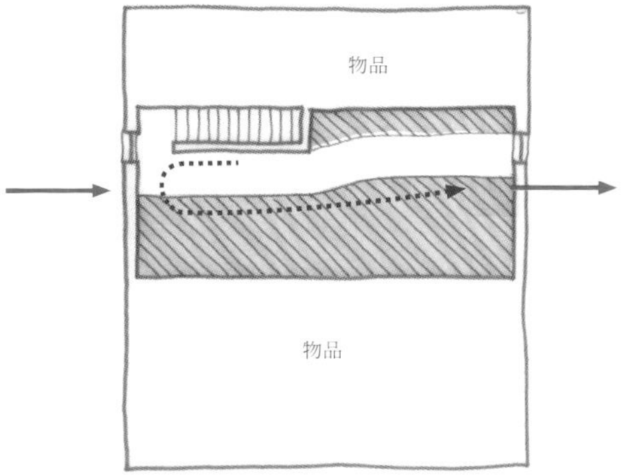

在考量了空氣的流通、光線進入房間的方式、放置物品的位置配置與動線之後，再設計窗戶打開的方向是重點

南北兩方開放式客廳

從開放式的客廳及餐廳往外看，南邊有庭園及陽台，北面的道路則是一整排的櫻花樹。為了向住宅區兩側打開視野，採用深色的屋簷及橫向格子狀的扶手作為視線上的分割。

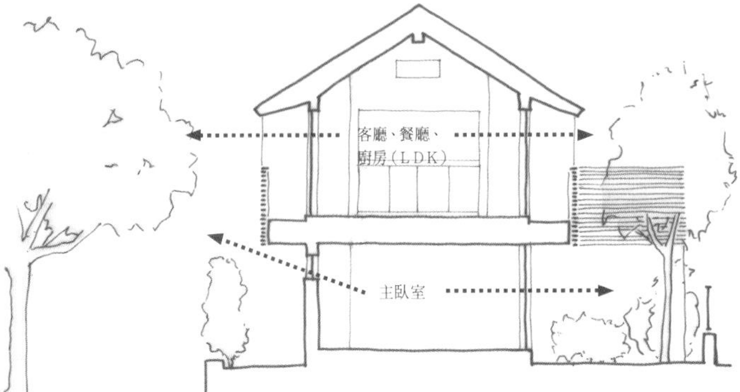

2樓可以看到南北向的綠景，1樓裝有可以調節視野的窗戶

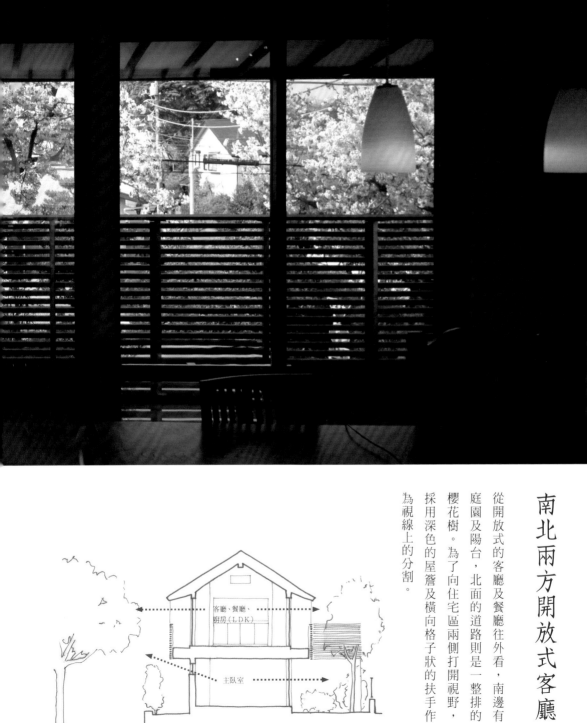

從客廳及餐廳看見盛開櫻花的喜悅

左邊是一整排的櫻花樹，右邊可以看見庭院中的
樹木與鄰居栽種的不同樹木

洗衣房、曬衣房

抬頭往上看見的天井。考量到住戶的家位於日本東北，冬天會積雪，使用既成品組合窗式的採光用天窗

在日本東北地方，一對在工作上相當活躍的夫婦所居住的家。小孩子正處於發育茁壯期，希望把洗過的衣服確實地晾乾。為實現這樣的願望，打造了一間與浴室、盥洗室相互聯接的洗衣房。洗了衣服以後可以直接晾乾，不用擔心下雨。這雖是一件小事，卻在日常生活中產生大大的效果，讓心情與時間都大解放。

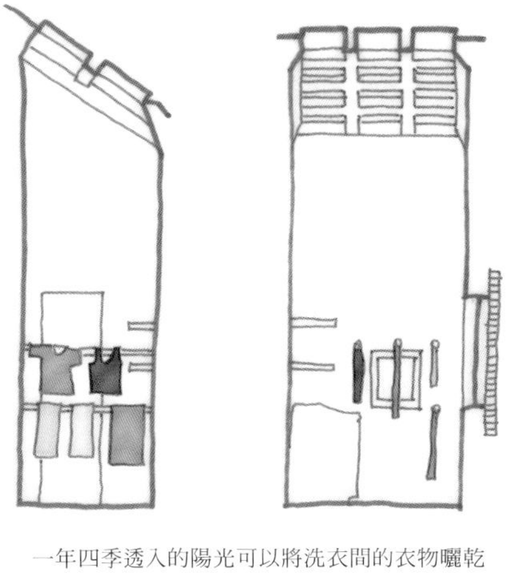

一年四季透入的陽光可以將洗衣間的衣物曬乾

從地板抬頭向上望，曬衣桿並排著，看得見換氣窗

進入玄關後所見之物 2

一進入玄關，越過樓梯可以看見屋內的窗

講到「彙整動線」的意思，在靠近玄關的地方通常會設置樓梯。在這個案例中，最裡面裝置可以引入光線和通風的窗，樓梯也是為了引入光與風而設計。當在窗外種植的綠色植物有所成長時，方為此設計真正完成的一刻。

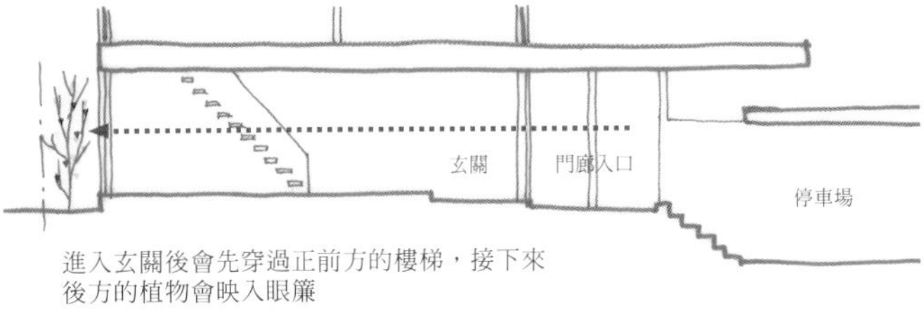

進入玄關後會先穿過正前方的樓梯，接下來後方的植物會映入眼簾

白色外牆：在熱鬧的住宅密集地蓋的房子

白色的牆壁與入口處的地磚、木製門、周圍的綠景和晴空塔，整體散發出容易親近的氛圍

仍留存當地小型工廠的舊市鎮，在住宅密集區一塊被老舊房屋與大樓包圍的土地上，建了一個幾乎看不到窗戶、有著白色牆壁的家。一樓為了避免犯罪與遮擋路人向內看的視線，將窗戶設置在較高的位置。入口處偏置於一側可以避雨，襯上鄰家種植的綠樹，與白牆剛好呈現一種剛剛好的對比。二樓中庭的外牆，因從起居室可以看得到晴空塔，所以窗戶開的位置較低一些。

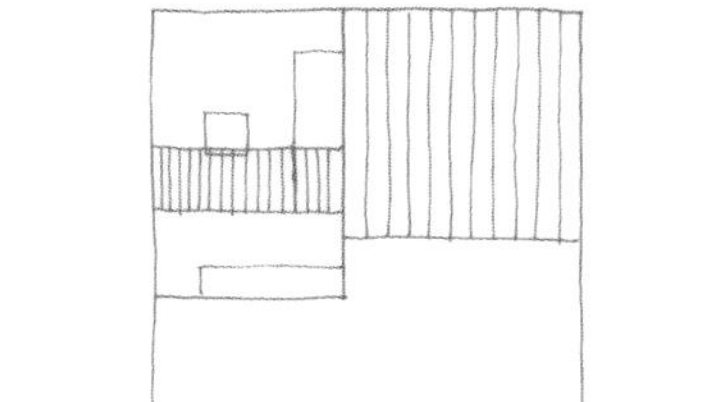

基於機能性考量選擇高窗和偏置一側的入口，讓建築物的外觀富有特色

高效率廚房的收納抽屜

收藏在比較低與比較深處的物品，往往比較難取出，也不好隨時確認。
用抽屜型的收納便能從上方看到與管理，會非常有效率

廚房是否好整理取決於收納空間的數量與機能性，因此流理台下方，即使是深處，皆可有效地使用，且不用挪動前方的物品，就能拿到最裡面的東西，這些就是有效使用廚房流理台的規劃秘訣。在平衡預算之後，屋主決定採用這個方式。

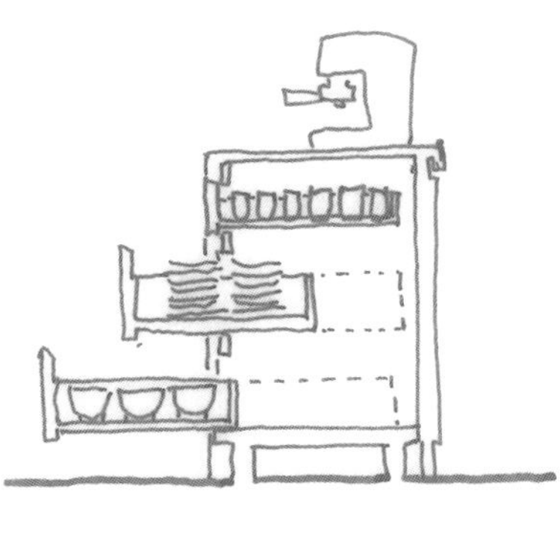

抽屜型流理台的好處在於連最下方最深處的
空間全都可以不浪費地使用得到

進入玄關後所見之物 3

在從天空只將光引入的窗前，螺旋樓梯的剪影（silhouette）浮現了上來

這是在鄰居緊接環繞的住宅密集地所蓋的房子。在玄關一進來的最深處設置了螺旋樓梯。為了要有光線從屋頂灑落的效果，在樓梯的後方設計了天窗，也因為後方牆壁充滿了光亮，更能強調螺旋樓梯的造型。

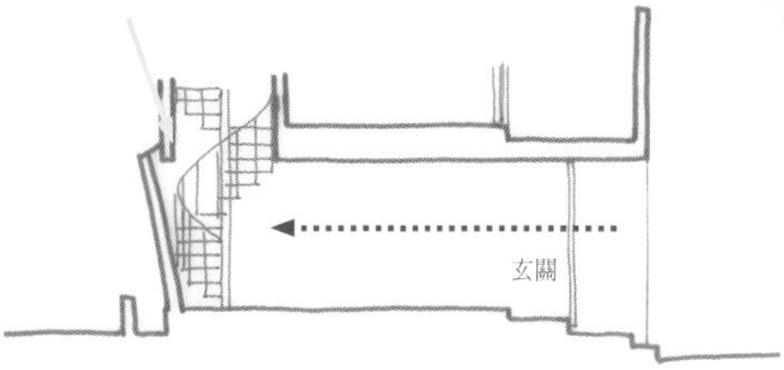

雖然一進玄關就看到樓梯的住家很多，不過以積極的方式展示樓梯的卻很少

每到黃昏時，西邊櫻花樹的影子落在外牆上成了家的獨特容顏

喜愛櫻花的家，被櫻花所喜愛的家

為了欣賞櫻花樹而設計的大窗，陽光也從櫻花樹縫間映射在地板上，枝葉的影子搖曳生姿

這是一間刻意買在河邊的櫻花樹正前方的房屋，喜愛賞櫻的住家。新屋完成後一看，被很大的櫻花樹影圍繞住了。有人問：是預設的嗎！？其實並不然。在還是舊屋時，就很難不去在意的櫻花樹影，此時已映在新屋的外顏了。

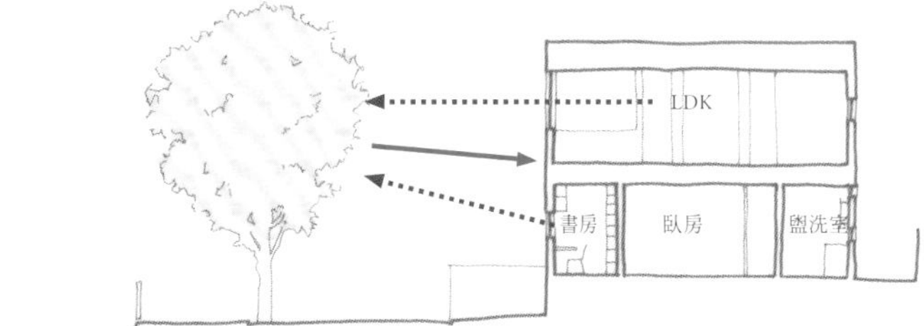

從房間內欣賞櫻花，櫻花的影子也成了房屋的外顏

有換氣功能的屋頂閣樓

將閣樓作為小孩的遊戲場，有高到不能攀登的牆壁，就算無法看到小孩，也可以放心。閣樓設計成能連結戶外光和風的空間，屋頂開窗功能介於窗戶與天窗之間，不僅讓光線充滿四周，還確實做到通風的效果。而且連結的功能還包括有助於聲音的傳達。

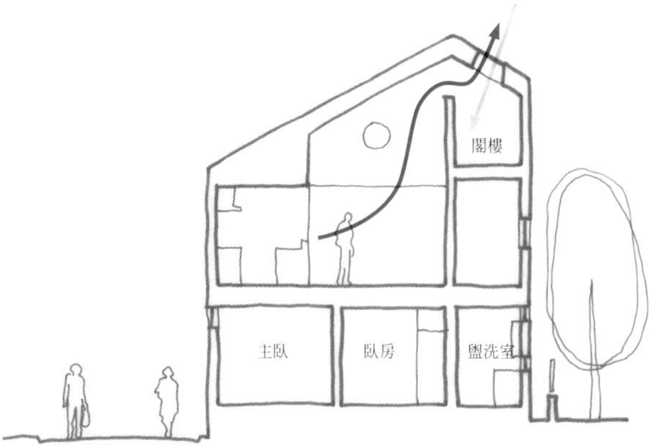

天窗不僅可以採光，在沒有風的日子，還有換氣的功能

偏高隔間牆的另一邊是餐廳的挑空設計

從天窗注入光線進來

注入自然光的懸吊式樓梯

用從天花板懸吊下來的鐵條，
來固定多數個樓梯踏板

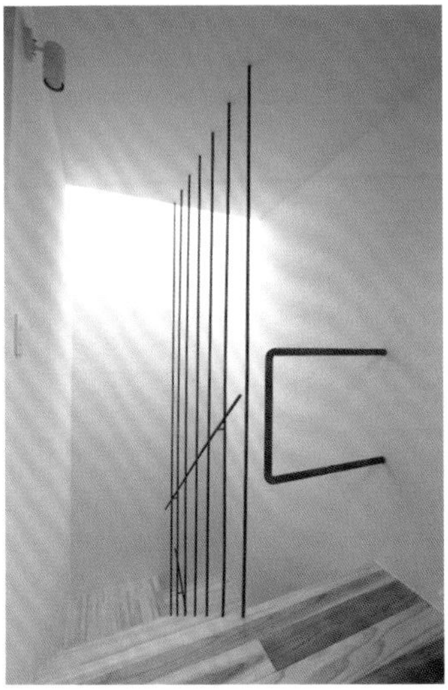

樓梯頂端的欄杆與從天花板連結下來的鐵
條相同，都是使用12Ø的鐵製成

因喜愛我曾經在前一本書裡介紹的懸掛式樓梯而接到委託的案件。由於這間房子樓梯頂端的設計比較不一樣，有必要再做個欄杆，於是這裡我承襲了別的案件的設計概念，也就是生自牆壁，又回歸牆壁，並將它塗上了對比色（紅）。

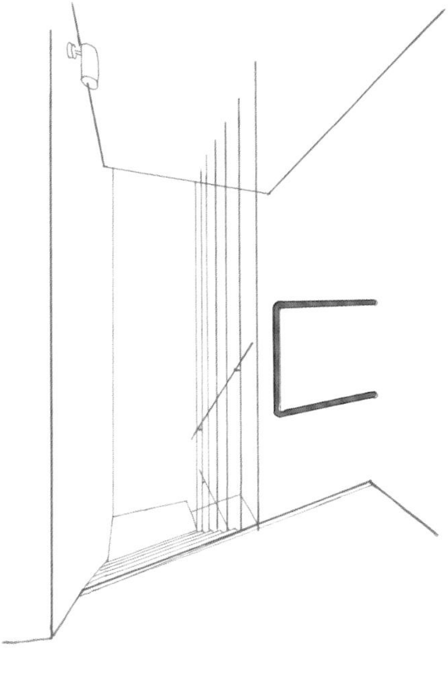

隨著時間與季節，光線照射進來的樣貌也會變化

盥洗更衣室與廁所結合的案例

鏡箱的上下方有窗戶，所以白天只靠外面的光線就可以充分照明

住宅設計是可以配合客戶的個性風格，來任意組合房間與家居設備的樣貌，絕對不是固定無法變動的。因此有想要盥洗更衣室與廁所合併在同一個空間的人，也一定會有想要設計在不同空間的人。不過如果與廁所合併在同一個空間的話，由於不是獨立一個廁所空間，所以家人一起使用的情形可能會比較多。

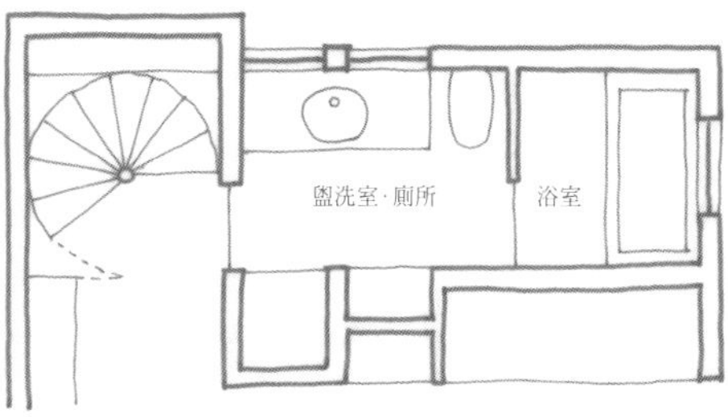

在更衣室與浴室之間有廁所，家裡有兒童的話，將會便利許多

對屋外天空開的窗

不管是什麼樣的土地，天空都是公平的存在。就算是建築物的空隙，
從天空而來的光線也會進入。

所謂的凸窗即是比起外牆還更加往外凸出，也因此窗台會比較寬廣。不過關於這個凸窗，但若打開之後沒有可以期待的光線或景觀的話，那就應該做成只為了向天空採光的特別的凸窗。如果住宅是位於緊鄰周遭建築之處，對於這道由上方照入的光線會很感激。

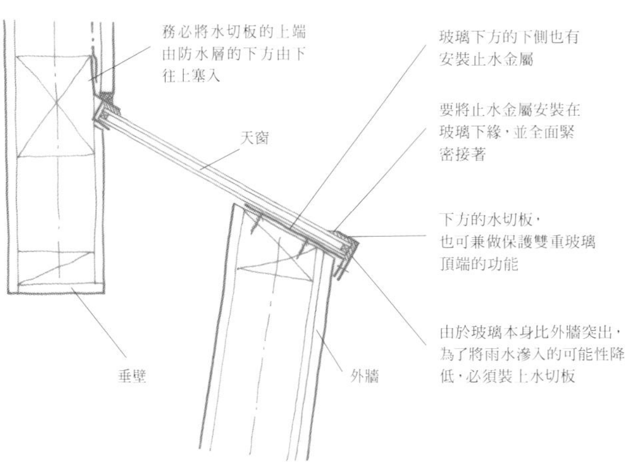
務必將水切板的上端
由防水層的下方由下
往上塞入
玻璃下方的下側也有
安裝止水金屬
要將止水金屬安裝在
玻璃下緣，並全面緊
密接著
天窗
下方的水切板，
也可兼做保護雙重玻璃
頂端的功能
由於玻璃本身比外牆突出，
為了將雨水滲入的可能性降
低，必須裝上水切板
垂壁
外牆

如果要設計成向著天空開啟的凸窗的話，
必須慎重地研究討論防水的方法

最合適的窗戶：大小與種類

和目前住的房子一樣，可以欣賞家門前的櫻花，是客戶改建房屋時要求的重點。一開始的討論是要一個大到很接近地板的窗戶，不過後來將「這麼接近地板是否有安全感」，以及「如何控制外面而來的視線」等等問題納入探討，最後終於定案。由可以確保寬廣視線的FIX固定窗與可以通風的回轉窗來組合這面窗戶。

最後決定採用很大但無法開啟的窗戶與可以通風的窗戶這樣的組合

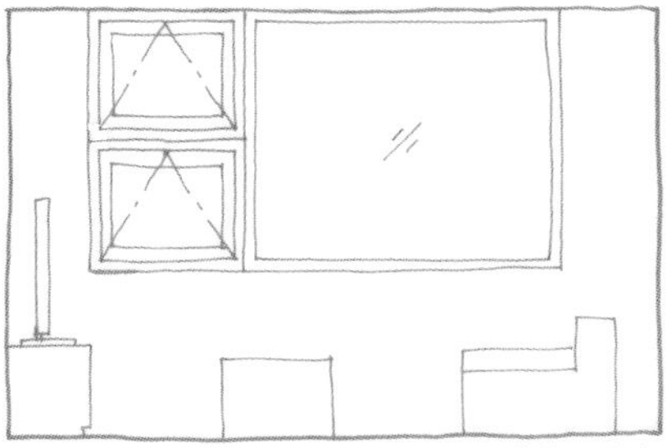

實施設計案

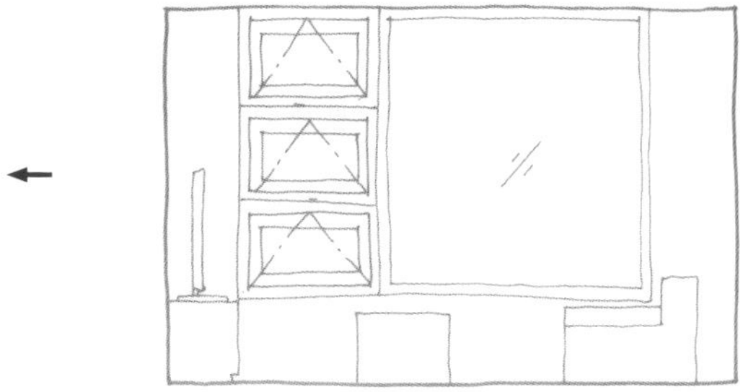

基本設計案

關於大面積的窗戶，必須重複地經過數次討論，來探討最合適的尺寸

看似普通卻是特別的一道窗

原本普通的雙拉窗，會被看成是很特別的一道窗

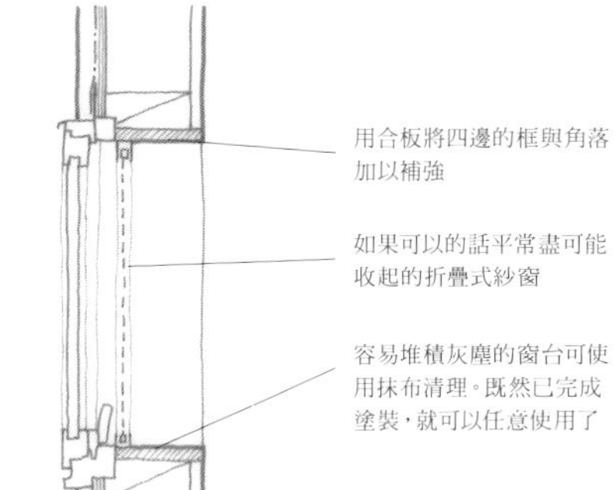
用合板將四邊的框與角落
加以補強
如果可以的話平常盡可能
收起的折疊式紗窗
容易堆積灰塵的窗台可使
用抹布清理。既然已完成
塗裝，就可以任意使用了
室外
室內

看起來就像是牆壁被直接拔除掉
一塊的窗戶，顯得怡然自得

有一道非常普通的雙拉窗，卻讓我感到很有意思。這道窗面向的是目前應該不會改變的一片綠的鄰地。那一片綠地受到陽光的照射會閃閃發亮著。裝置這道窗的基本條件即是不用擔心來自於鄰地那邊的視線。窗邊做成像是牆壁被鑿穿成洞穴一樣的設計，這樣將會呈現出高效果的氛圍。

廁所也可以成為令人心曠神怡的場所

有一大片玻璃窗的廁所，會讓心情很好

就算是在乎外面而來的視線，只要有好的方法，還是可以實現擁有將內部庭院的花草盡收眼底的廁所。因為不是廁所專用的庭院，所以重點擺在如何不讓外面的視線進來。因此用了在洗手台上方及下方都安裝玻璃這樣誇張的手法。

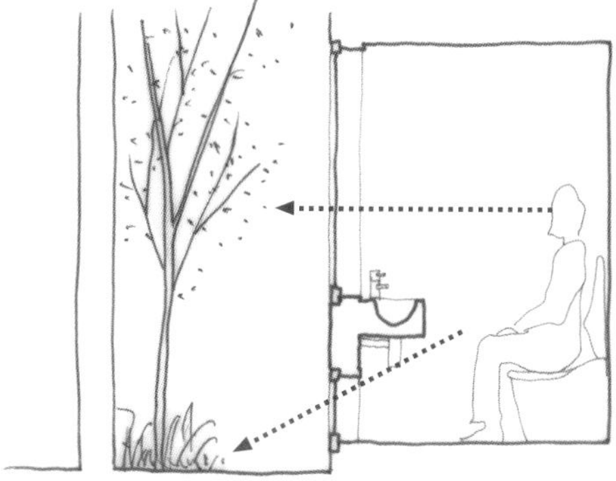

房屋內部的空間配置設計，只要下點功夫，也可以在廁所看見美好的景色

利用斜線限制來活用屋內空間

譯註：日本的建築基準法第56條，為了確保住宅密集地的通風與採光，所規定的屋頂斜線空間的限制，例如北邊斜線限制即是為了採光問題，道路（緊鄰道路）斜線限制與高度斜線限制即是為了通風問題

不受斜屋頂的限制及活用屋內空間的形式

在住宅密集地受到北邊斜線限制、道路斜線限制與高度斜線限制影響的建築非常多。特別是面對正北方的建築，必須接受很嚴格的2方向斜線限制。不過這裡是否可以脫離「無可奈何地接受屋頂被削除」的緊束，進而轉向「積極面對屋頂斜線空間限制並活用屋內空間」的心態。就像這個案例，為了因應2方向的斜線限制，所以把屋頂改成了四角椎的模式。

越過陽台面向綠道敞開的大窗

分別買下喜歡的椅子，增添生活樂趣

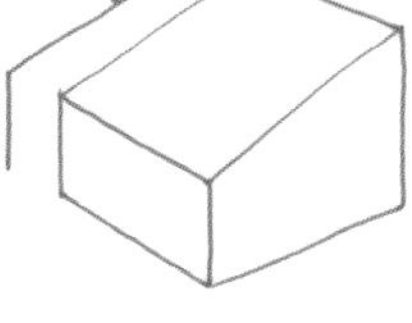

只有1個方向的斜線限制

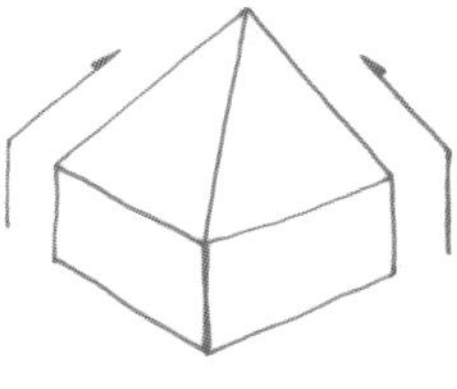

2個方向的斜線限制

面對正北邊而必須傾斜屋頂的同時，又要接受2方向受到鄰地界線的斜線限制而形成的模式

充滿自然光：在地下室的一間寢室

只要有自然光進入、又通風、又去除了擔心雨水侵入的不安，地下室反而是一個適合睡眠的地方。這裡必須將通道（dry area）的牆壁漆成白色，才能充滿光線，並且要有不用擔心雨水而可以打開的凸窗，另外除了確保通道（dry area）的排水功能正常之外，樓上的屋簷要確實做到無法讓雨水進入的狀態。左邊的抹茶色牆壁是一直延伸到通道那側。

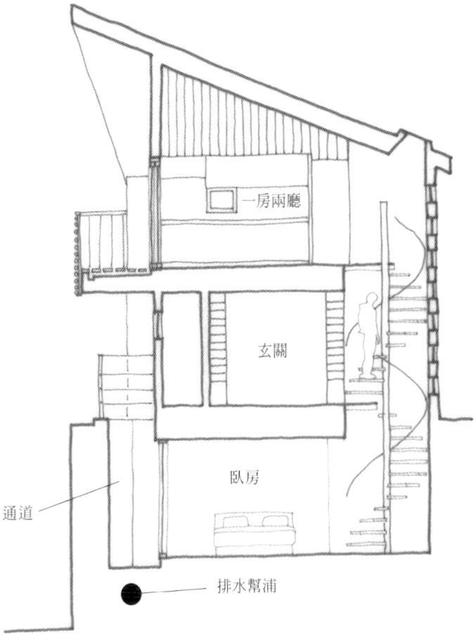

屋簷與陽台應該可以降低雨水侵入的危險，不過幫浦的保養點檢（maintenance）是必須要注意的

譯註：「ドライエリア」（dry area）：日本建築基準法規定，凡建築物有地下室，必須在建築物的地下室周圍挖掘通道，以確保採光、防濕、通風以及救難防災等事宜

這充滿光線的寢室，實在無法聯想到是地下室

受到斜線限制所設計成的建築外觀

因斜屋頂所產生的特殊外觀

上樑時從鷹架拍攝屋頂的形式

關於屋內空間的形式將另外再提，這裡先看到的是屋頂因為斜線限制而成了四角椎形狀的住宅了。內部同樣也因為斜線限制，採納了可以展現出積極因應的設計要素。

植栽設計規劃與工程是由萩野寿也完成的

黑色・灰色：與自然風景的巧妙搭配

樹幹是棕色的，是一直被我們所認知的固定觀念。不過仔細瞧一瞧森林裡的樹木，我注意到很多樹的樹幹或樹枝的顏色，反而是接近灰色或黑色。當然有可能是樹種或是光線強弱的緣故，不能一概而論，不過畫具或蠟筆所準備的棕色還真的很少。外牆的黑色雖然會帶給人壓迫感的印象，但是與庭園的綠色草木搭配起來，非常地完美。應該是說以天然素材為原料所做成的黑牆跟庭園草木的綠色十分合襯，原本就是大自然裡的組合，所以也是理所當然的事。

無彩度色與自然的綠色出乎意料地非常搭配

從客廳的視角用iphone5所拍攝的。黑色木板牆壁前嫩葉的綠色映在眼簾

設計屋子的外觀：家的臉

入口與陽台上的窗戶重新設計，而成了現在的房屋外觀

自己周圍的人如何看待我們屋內空間的設計規劃很重要，同樣地我們房屋的外觀，是如何的被我們這個地區的人看待，也是非常重要的。雖然這是理所當然的，不過很意外的是，日本的建築物不注重外觀設計的卻很多，這一點讓我感到非常驚訝。這間房屋不僅靠近路邊的這一側沒有窗戶，客戶還要求去掉原來玄關口的屋簷及陽台，綜合這些條件就成了現在的房屋的外觀了。

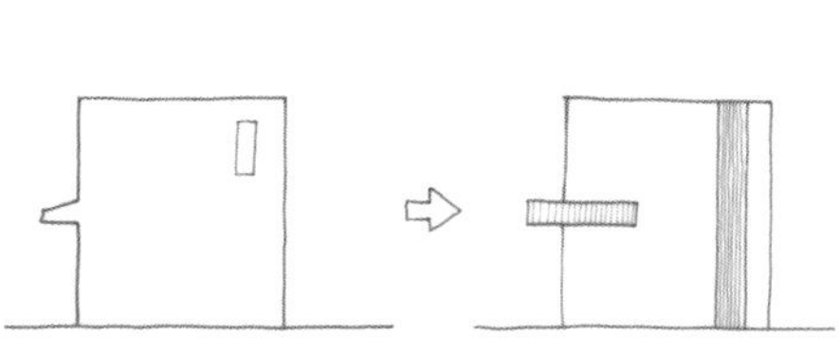

以去除掉房屋正面玄關的屋簷與陽台上的通風口
為設計條件的成果

THE FORM OF THE COURTYARD
中庭帶來的魔法效果

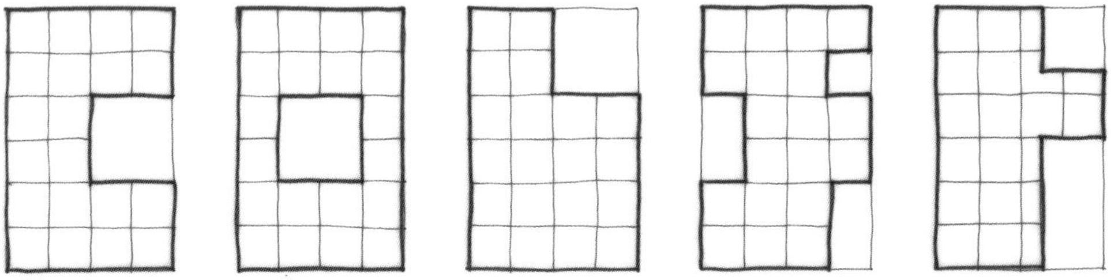

建地的形狀與方位是各式各樣，對於房屋內部空間的需求也是千差萬別
中庭型住家、courthouse的作法也有好幾種
這裡想要針對幾個代表性的範例來加以說明

譯註：courthouse為中庭住宅的和製英語，原意：法院大樓

① 凹型中庭的家

可以看見圍住中庭的三個方向的窗戶

被稱為「鰻魚的睡床」的細長型建地非常多，這裡有一個解決方法。如果是門口狹小，兩側牆壁被鄰居所壓迫這樣條件的土地來看，土地的中央部分可以設置一個採光通風的中庭。這是用以前長形屋的坪庭來發想的。把建築物分成兩大部分，也可以設計為對中庭完全開放式的空間。

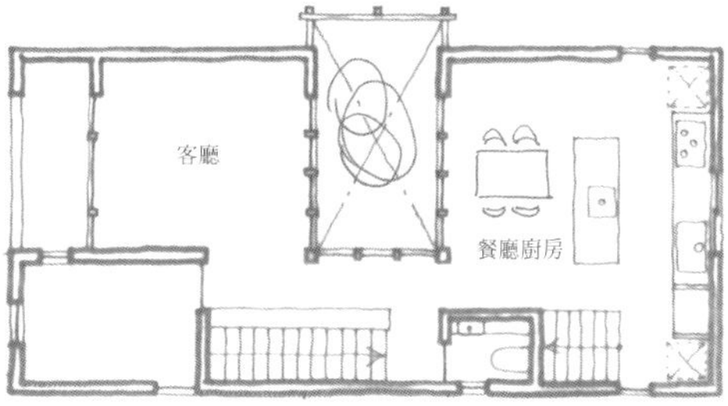

不用窗簾可以享受欣賞中庭的景觀

與圖面案例不一樣的是圍住中庭的是牆壁、窗戶、欄杆等各式各樣的要素。

②回型中庭的家

對於周圍皆沒有良好開窗條件的長型建地，若建地的短邊方向比較寬敞的話，可能可以採用這個方案。雖然客人到各房間有人可以引導動線，不過因為是以中庭為中心的空間設計，還是請注意盡量不要把所有中庭窗戶前都設置為通道會比較好。

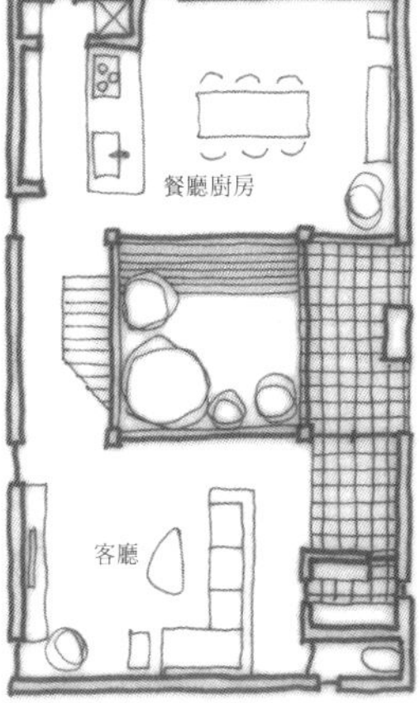

面對中庭的空間是用挑空與圓形高窗的組合設計

將圍住中庭的外牆做低一些，就可以快樂地欣賞眼前的景色（晴空塔）

③L型中庭的家

印象中設計成L型的家並不是非常多，不過把庭院圍住，其實就成了L型中庭的家了。把外牆築高，做成閉鎖式的樣貌好像不是很舒適，只要利用草木加以活用中庭的話，也有可能在密集住宅地過著不需要窗簾的生活。

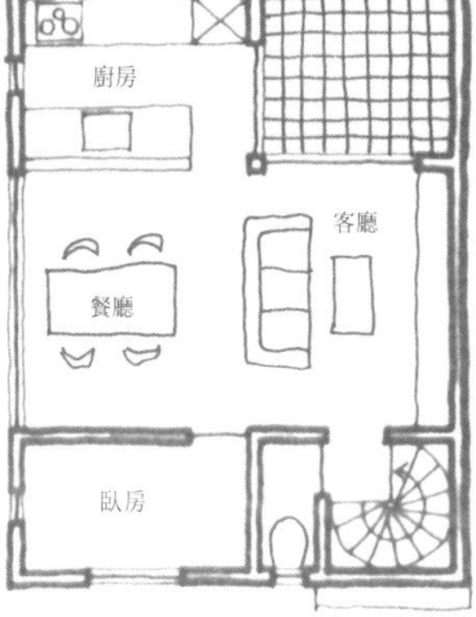

視線從窗戶穿越中庭看見其它房間的窗戶

在住宅區如果有一間房間可以看見兩個方向的綠意，真是心曠神怡

④有複數中庭的家

有中庭的住家，可以透過中庭清楚看到對面的其它房間，其實是一件令人開心的事。如果有好幾個中庭的話，那令人開心的景色將會增加許多。視線還能穿越中庭看見另一間房間的另外一邊的中庭。如果有個人房間或浴室專用的中庭的話，那真是何其享受啊。

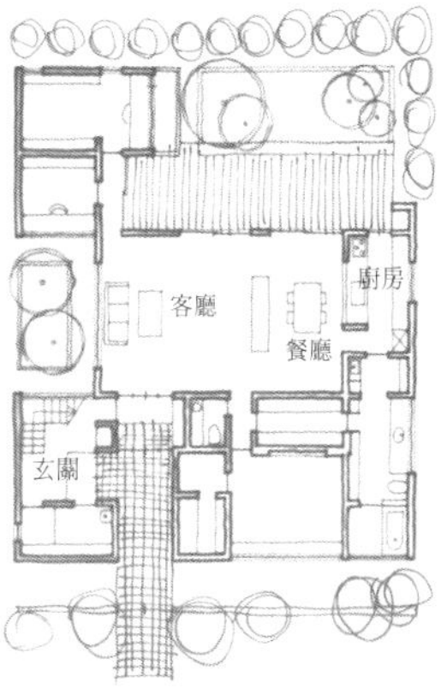

THE FORM OF THE COURTYARD

中庭帶來的魔法效果

小路的前方是玄關，在更前方還有中庭

牆壁邊種植的草木從前庭接續到後庭

凸型的玄關門口可以增添不被雨滴之外的樂趣

⑤小路型中庭的家

以平面圖的形狀來看，其實是凸型。把這個形狀的玄關玻璃門打開的話，可以看見玄關另一邊也是中庭。回家必定會經過的玄關，有草木與光線的演出，不僅讓進家門這件事感到開心，更可以成為向人誇耀的場所。可利用深處的中庭與眼前的中庭，來定位私生活的範圍，分別給予不同的用途。玄關的上方部分也可以成為屋外陽台，或者也是可以將二樓這個部分一起打造成整體式的外部空間。

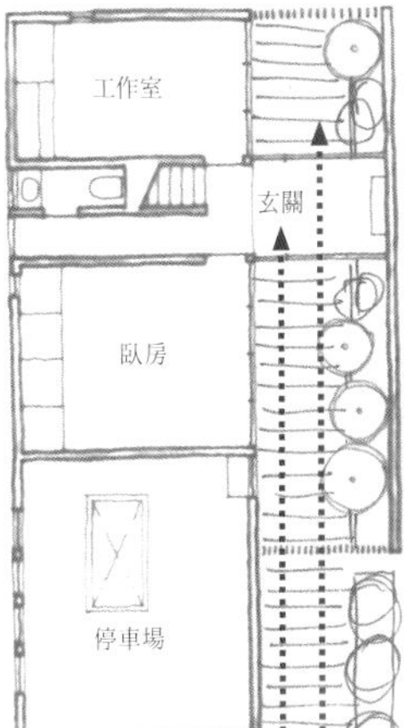

從三個房間看出去 皆可觀賞的坪庭

從浴室看中庭。已經很接近露天浴場的氣氛了

有個設計是浴室要有專屬的坪庭，不過如果只有浴室專用的話，總覺得有點可惜。這個案例中，看起來是浴室專用的中庭，其實也是廁所專屬的坪庭，更是入口藝術展演用的中庭，所謂一飾多角，功能兼備。

從廁所窗戶看中庭

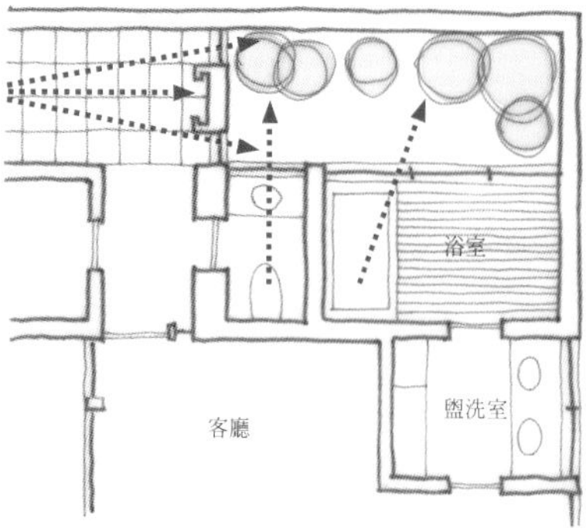

視線不僅不會互相干涉，還可以成為不同空間專用的中庭

從玄關的正面可以看到屋主所製作的藝術品

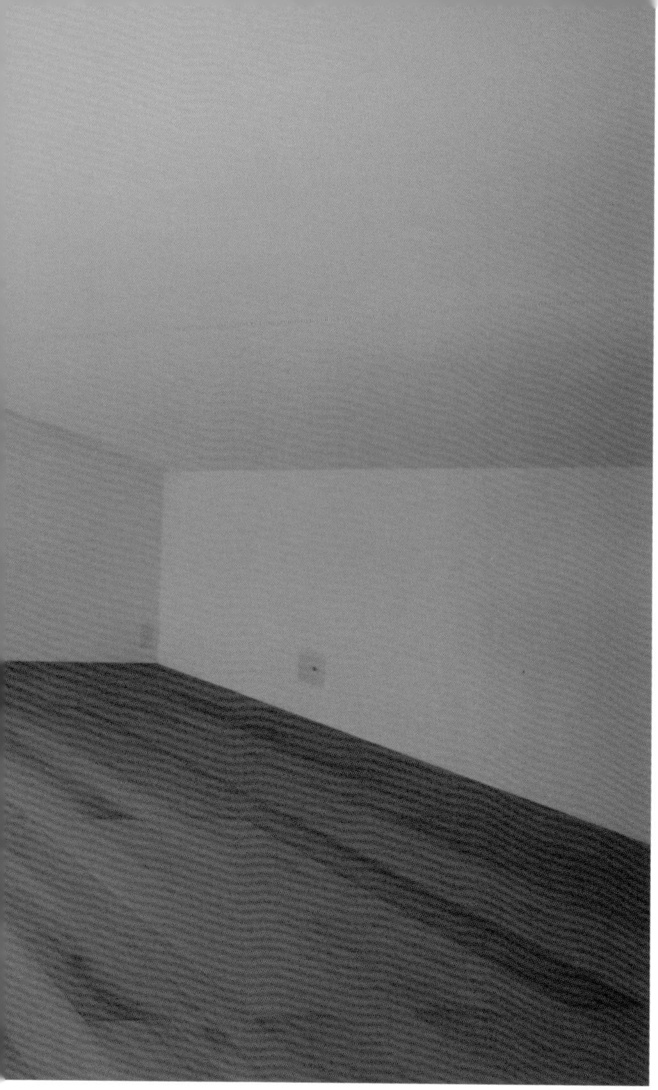

屋頂閣樓空間的可能性

關於屋頂閣樓空間的建築法規，隨著行政區域的不同，有著各自的規定，近年來日本越來越多行政區域核准架設固定樓梯以攀登到閣樓。窗戶的大小雖然也是多有限

雖然天花板高度受限，如果是坐姿的話，算是很舒適的空間

制，不過窗戶打開的方式是可以隨手自在的大大地向右向左開啟。最重要的是要確保風的通道，物品放置的地方與可以走路的地方要確實規劃好。只要不把它當成所謂的小房間，並做好屋頂的隔熱，閣樓空間將展現不同的全新面貌。

原本應該是閉鎖空間的樓梯，卻成為互相流通、串聯空間的開放式場所

來自各種不同的方向空氣互相流通的房間

只要確實做好房屋外部的隔熱，關上門的房間以外的空間，就算是空氣互相流通，也不會有溫度高的問題。雖然未必每人皆如此，不過看了這個有空隙的樓梯，應該會想如圖片所示，把它當成空氣會流通的樓梯房間來使用。不僅家人的動靜可以透過樓梯空隙看見，也能聽見聲音以及保持通風。與以往的樓梯形象有所不同，是個令人想坐下的場所。

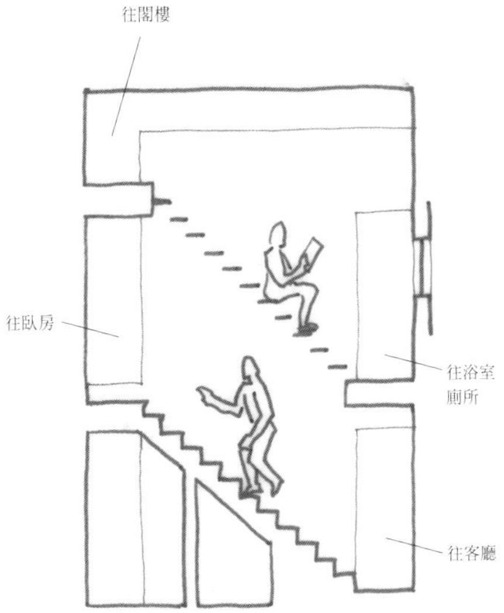

樓梯可以通往各樓、各個房間，是家的中心與存在

整合屋主各種要求與關鍵的要素

從客廳可以看到中庭、餐廳、和室

屋主要求用拱門來連結客廳與餐廳。客廳旁邊是以江戶唐紙做成日式拉門的和室。另外客廳與餐廳的地板也要求以不同種類材質鋪設，並要配置一個有著木板陽台的中庭。天花板要有部分樑柱構造是展現出來的。將關於屋主夢想中的家的種種要求及工程作業加以整理組合，是住宅設計不可欠缺的重要技巧。不管是與周邊環境的調和，經濟性方面、構造方面、設備方面的相關整合都要加以規劃研究，這都是住宅設計最重要的事。

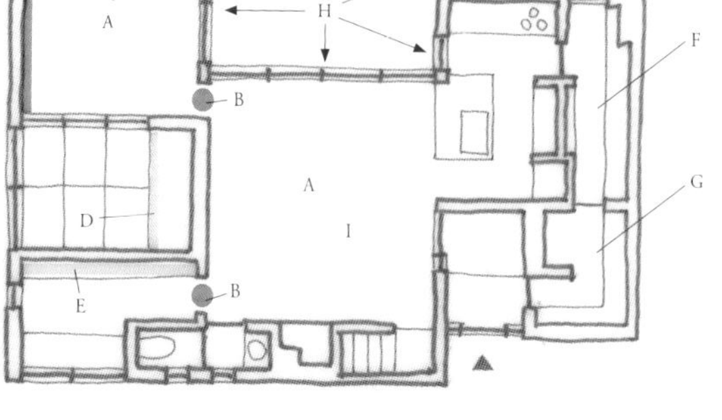

A　不同房間地板材質也要變動
B　兩個房間用拱門連結
C　牆壁與地板鋪設木材
D　使用藍色的江戶唐紙
E　書架的內壁使用綠色
F　戶外用品倉庫
G　鞋架
H　可以看見客廳、餐廳、廚房+可當成外面通道的中庭
I　有部分樑柱構造展現出來

和洋折衷也是一種日本的特色，只要有各式各樣的要素共存，就會激發出無限的嘗試

與周邊綠色景觀互為融合的庭院：成為一道風景

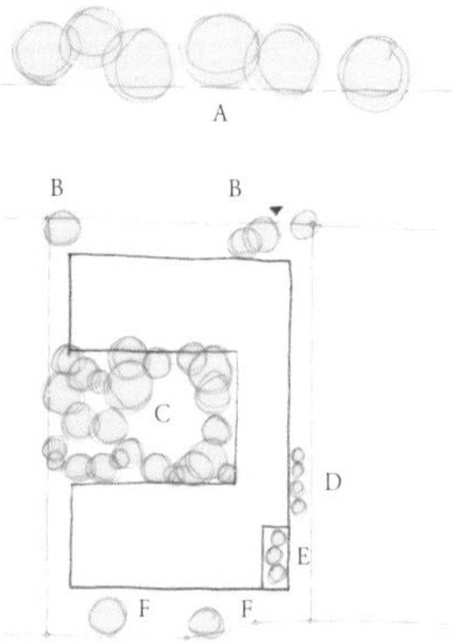

A　公園的草木
B　在入口增添的草木
C　中庭的草木
D　地窗看出去的草木
E　坪庭的草木
F　風與視線所貫穿之處的草木

中庭的草木可以配合窗戶、家具座位的位置關係來考慮如何配置植種

從2樓陽台往中庭望去，除了可看見自家南邊的屋頂之外，還可以看見對面公園較高的草木與中庭的草木連結在一起

這是很大的中庭型住宅。道路的另一邊，種植豐富草木的公園非常廣闊。中庭的草木在完工後數個月內種植，樹葉已開始伸展，中庭與公園的草木已有可互通之處，看起來像是一個完整體了。雖然這是土地寬廣的案例，不過就算是狹小住宅，一樣也可以在視線所及之處栽種草木，如此一來即可感受房屋全體被綠意包圍的氛圍。

從2樓往下看的露台

兼備機能型的中庭

這個中庭不僅連結了客廳與餐廳二方向的外部空間，就連在中庭看不到的廚房也有出入口可以進出，是兼具功能性的空間，中庭的露台也可以當成外部的客廳與餐廳使用。而且沿著露台邊栽種植物的話，就可以在二樓享受欣賞草木之樂。二樓的陽台除了可以曬衣服或棉被增加使用空間之外，還能在主臥旁邊拉出椅子與桌子，成了享受晚酌夕涼之樂的場所。一個中庭，卻提供了許多機能和使用方法。

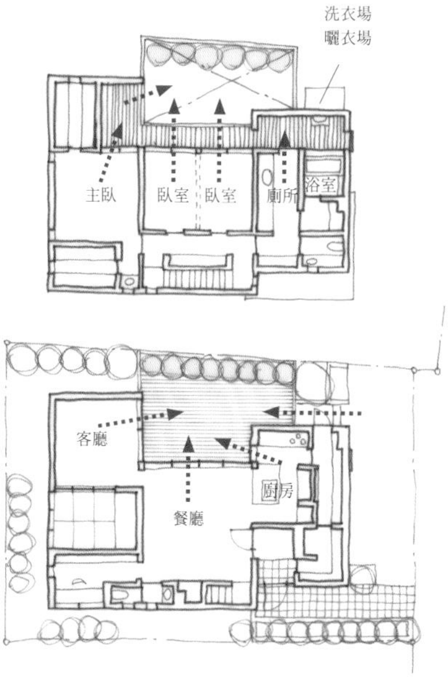

一樓是客廳、餐廳、廚房皆各自面向中庭，二樓各個臥房也可與中庭連結，外面陽台也可當成洗衣場與曬衣場

與餐廳連結的露台。露台旁是圍牆

與客廳連結的露台。露台也可以當成另一個房間來使用

從主臥的窗戶望出去是滿滿的綠木，是極其理想的景色

從主臥的窗戶望出去所見景色

以草木為背景而挑選的家具非常顯眼

這是面對大公園的良好土地。話雖如此，卻不是每個房間都可以配置在面對公園這一邊，公園這一邊同時也是公路邊。照片中的主臥其實並不是在面向公園的位置，反而是離公園最遠的位置。以木製的百葉窗（louver）式的欄杆設計，不僅可避開面向中庭側窗戶的外來視線，還可從主臥望出去，視線越過面向道路側房屋的屋頂，公園的草木即進入了視線範圍。另外也是可以裝置百葉簾，無須欣賞景色時，就不用擔心外來視線問題。

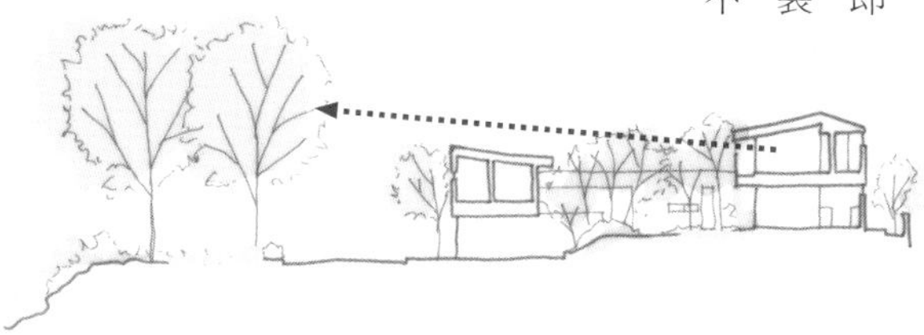

臥房雖然是在最裡面的位置，視線還是能夠穿越道路邊房屋的屋頂，看見公園的草木

從自家的露台望過去，有著
看不出來是鋁窗的樂趣

就像鐵製窗框般的木製建材

接下從江戶時代傳承下來的稻米批發商的改裝計畫，屋主以「是否可以做出像古代鐵製窗門的感覺」來諮詢。由於沒有可以承受沉重鐵門的基台，拉門並不好拉。所以窗戶本身還是使用鋁窗，不過窗門的格子骨就使用「鐵製感覺」的材料。木製建材的製作精度很高，有做出比一般大一點的格子骨，屋主也感到非常滿意。

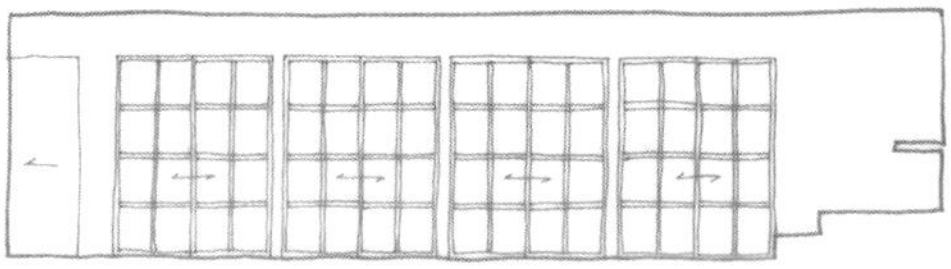

做的比一般窗門格子骨架再大一點，
才能演繹出有如鐵門的存在感

新型吊燈 1

從旁邊看過去，有著好像雨滴被固定在空中的樂趣

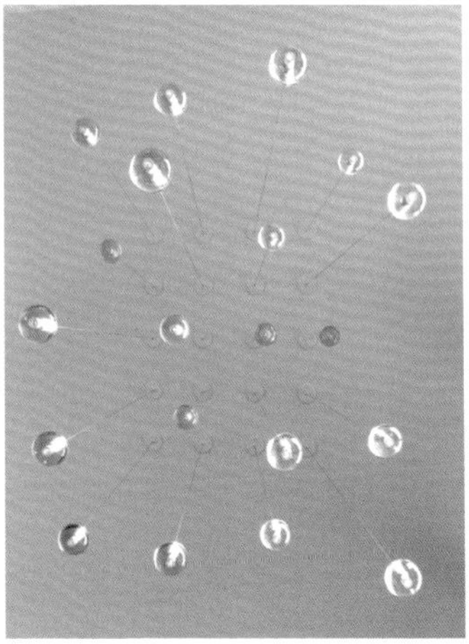

以玻璃球發光的簡樸的燈具

這是加拿大BOCCI照明器具廠商的產品。數量與高度可自由組合。這個案例是裝置了二十個燈，隨著觀看的方向、角度不同，每個光線的位置關係會慢慢起了變化。燈具本身是非常簡樸的裸電球，所以隨著燈具的配置，可以讓空間演繹無限的可能性。

在盥洗室、更衣室只要有一點點草木映入眼簾，心境也會跟著大大地不同

動線的前方有戶外、綠色植栽與光

如照片所示，盥洗室空間的小路前方有小小的戶外景色，就算僅是一片小窗戶，氣氛也會完全不同。若隨著季節或時間不同光與景色也會隨之變化，效果就更是令人期待。

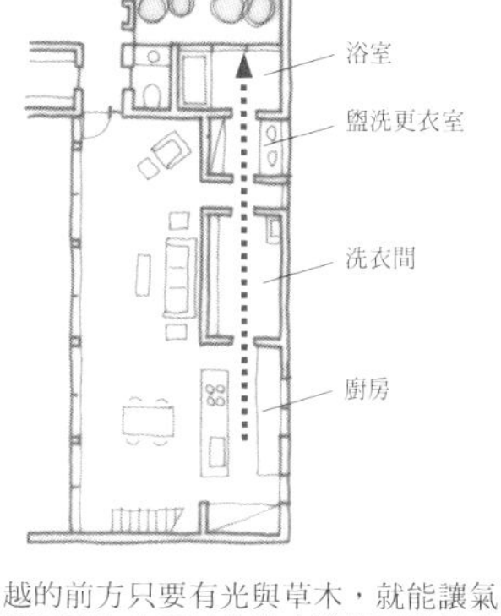

視線穿越的前方只要有光與草木，就能讓氣氛更美好。這裡同時也在房屋的後方將家事動線串成一直線

家裡最適合長時間待著的地方

在家裡找一個最喜歡、最長時間待著的地方，大部分的人當然會喜歡客廳與餐廳，也有很多人喜歡長時間待在書房或工作室。照片是站在廚房流理台所看出去的景色，對很多人而言，也是長時間站立的重要場所。最佳景點未必僅限於最舒服的場所。

隨著季節與時間變化的風景，一天看幾次都不會厭倦

將花形的馬賽克磁磚
斜著貼的案例

使用花俏的顏色，可以開心地使用廁所

洗衣間的洗手台前也充滿著
俐落的氛圍

將洗手台牆面分成一半的強調手法

配合和式素材沉穩風
格的馬賽克磁磚

玻璃馬賽克磁磚使用透明的填縫劑

貼上喜愛的磁磚成為別具趣味的一個房間

廚房使用貝殼形狀的馬賽克磁磚

將盥洗室或廁所變成一個別具趣味的房間的案例非常多。靠著改變牆壁的顏色或素材，讓自己的家變成獨一無二的原創風格吧。將喜愛的磁磚或石頭，喜歡的洗手台或水龍頭等等加以組合，試著把屬於自己的愛好集結在一起，也是一種樂趣。

THE ONLY RESORT IN THE CITY
在大都會裡蓋一間像別墅的家

最大限度活化與週邊環境：就像忘記我家住在都市一樣

這個案例是長形的建地，短邊面對綠地。屋主的要求是將處三間大的入口其中一間半（2.25坪）的空間，改成外面的露台。剛好鄰地有一大片草木，還有很大一片花草圍繞的牆壁，彷彿是遠眺山中風景的避暑勝地，聽著鳥囀，即忘了自己身處在便利的都會城鎮裡。屋主後來也常在外面的露台吃飯，還跟告訴我：「根本不需要去郊外別墅了」。

聽著鳥囀，彷彿置身別墅一樣，出乎意料地使用外面露台的次數增加很多，屋主這樣說著

由使用方的便利性及設計性從這兩方面與業主共同討論後得出這一片窗的形狀發想

取一道綠景

這樣無可取代的景色是上天賜與的恩惠，也有一種情況是屋主相中了這片景色才購入這塊土地，建築師的工作是將將天賜的恩惠發揮到最大的限度。從這件案子來說，視野能有美好的眺望高度從二樓開始。由於日本建築基準法中有北側斜線限制的問題，所以大量採用人字型屋頂的方式，且不只是一間房間，在建物中很多地方都可以看到這樣的建造方式。圖片中所見的是從通往閣樓螺旋狀樓梯的眺望視角所拍下的照片。即使是同一片窗，所見的高度有所變的話，能見到的方向也會有很大的不同。眼睛的位置如果變高時，雖會看不見天空，但窗中的綠景卻大幅度地增加成為一幅畫。好不容易有這樣一扇窗，無論是從主要的餐廳、客廳的角度，還是從廚房、陽台、閣樓的角度看出去，都足以構成一幅畫。

閣樓房間的風景

像小房屋樣貌的閣樓房間。充滿了就像隱藏另一個家的氣氛

在閣樓裡有小窗、桌子還有書架。嚮往這樣房間的人應該很多吧。看一下屋內的構造組合，不論是素材或是採光都是經過考量設計的，就連擺放的充滿回憶的小物品，都可以感受到屋主愛惜的表情了。如果閣樓房間內是可以正常走路的高度的話，那麼屋頂形式的天花板就算低一點，反而更能成為顯現出房間裡獨特氣氛的重要因素。

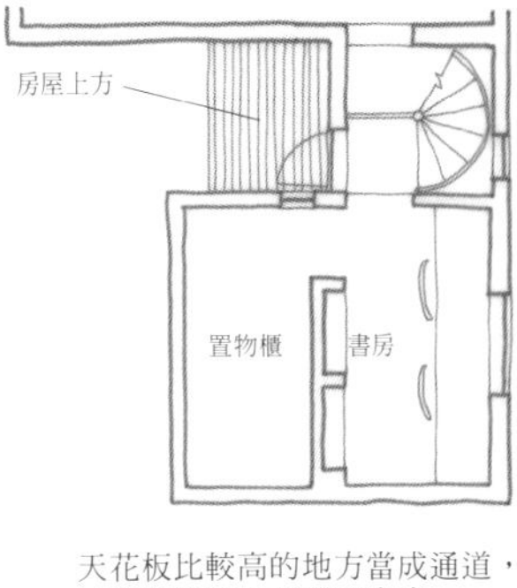

天花板比較高的地方當成通道，
比較低的地方就放置書桌

利用家具隔間的好處就是在one-room裡隔出了客廳空間

用家具做隔間，隔出一間客廳

這間大型的one-room是用收納電視與音響相關設備的家具把客廳與餐廳加以區隔。在高挑的天花板下，不僅維持了空間的整體感，還能把吃飯、聊天、休息、鑑賞等行為分開進行。

從客廳這一邊所看到的one-room

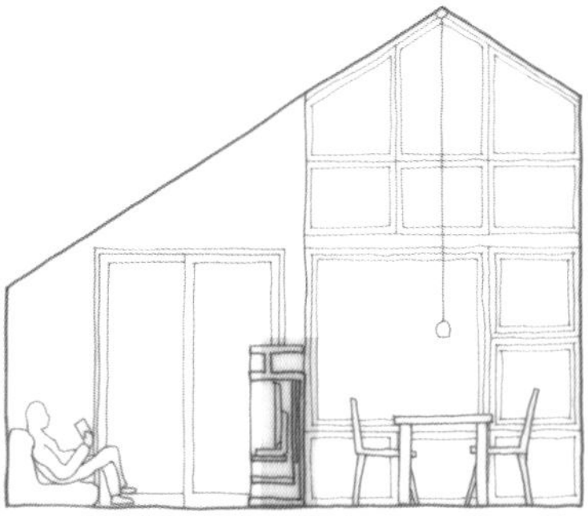

隔出了一個空間後，就產生了可以一個人做其他事情的氣氛了

看不出樓層間隔的大片落地窗

我在前一本書曾介紹過，將一樓與二樓的窗戶整合成一大片的鋁窗，並使用像蒙德里安（Piet Cornelies Mondrian）的畫一樣的形式。這裡則要介紹將二樓與日式屋架整合起來的模式，使用的是木製窗框。中間橫向使用大一點的木材，這樣看起來就會有將橫樑隱藏起來的感覺。不僅其中一面是幾乎都是玻璃，還採用了木質Rahmen（德語）構造（SE構法），露台則是使用斜材為架構。

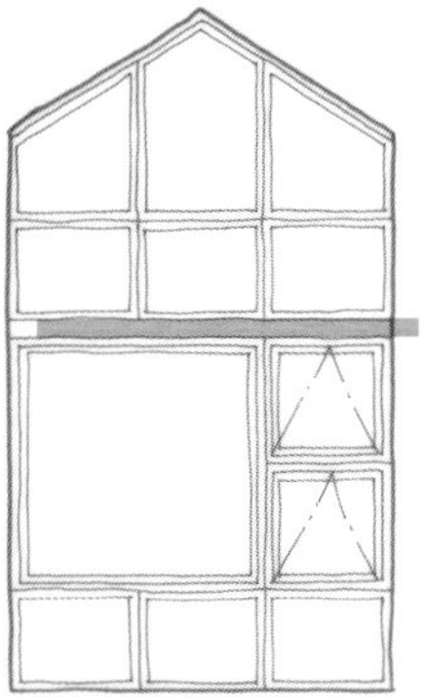

將著色的部分，也就是原本房屋的橫樑隱藏起來，連同所有的木造骨架結構做出整體看起來是一面窗的感覺

為了要去除這面木造牆壁，必須想出各種辦法組合這面大窗戶

廚房：假設這是一間料理教室

既然要將廚房假設成是一間料理教室的話，大家圍繞的中島要設置什麼為主其實很重要。有以水槽為中心的情形，也有以瓦斯爐為主的。不過也有很多為了使用　麵棍，而需要一個大面積的木製料理台，然後在旁邊留一小塊面積裝設ＩＨ調理爐。廚房正中央有沒有換氣扇，會給人很大的不同印象。環繞在廚房周邊的色彩或建材，在請教過屋主的喜好與感覺後，再整合定案。

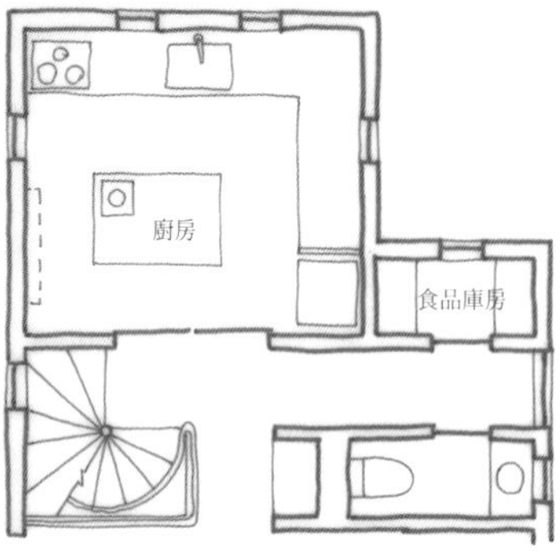

L型廚房裝設大家可以圍繞的中島，周邊要裝置什麼樣的設備、家具或家電，必須反覆地跟屋主討論再定案，這一點很重要

多數人可以一起圍繞著邊聊天邊進行料理作業的中島，可在各式各樣的場合使用

因為是自己的房間，所以可以在一面牆上塗上自己喜歡的顏色

只有睡眠和玩具的小孩房

大部分的活動都在客廳或餐廳等公共空間的家庭的話，更需要具有功能性的個人房間。這個家庭的讀書空間是另外設置，所以個人房間是只有睡眠和收納一些玩具而已。通常隔間是開啟的，牆壁則是塗上自己喜歡的顏色。

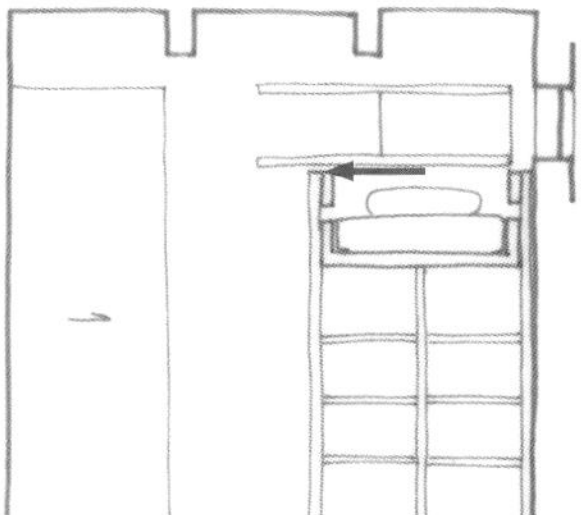

床鋪上的窗戶可以在很熱的夜晚開啟，讓空氣流通各個房間

大格局廚房讓生活感更加豐富

通常為了讓客廳餐廳寬闊一點，會讓廚房的面積縮小在必要的最低範圍內，這樣的想法是比較多。不過也有人想要更舒適地使用廚房而縮小客廳餐廳的範圍的。這個案例即是想把寬闊的餐廳同時也當成客廳使用，因此也放大了廚房的範圍，就將廚房設計成也可以簡單吃早餐的地方。

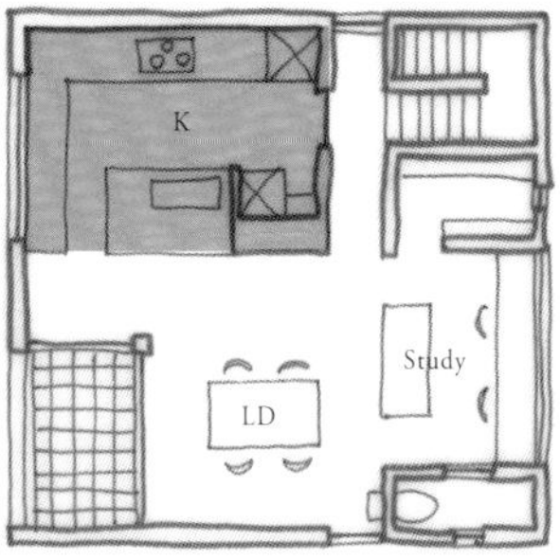

客廳餐廳與很大的廚房

有個寬闊的廚房，能製造出房屋整體很寬廣的效果

不僅有視線良好的落地窗，在屋內通道盡頭也裝設可以讓光線進來的落地窗，製造出房屋非常寬廣的感受

門與窗打開的方向愈多，效果愈是多樣化

這間房屋如同左邊照片顯示，視線可以藉由西邊的大門口眺望出去，北邊方向（右邊照片）是可以通風的。北邊因為有鄰居住家，所以使用毛玻璃，以便只有採光通風之用。實際上在照片沒照到的南邊與東邊也有通風用的窗戶，不僅可以欣賞隨著季節時間變化的光影，也可以確保通風。

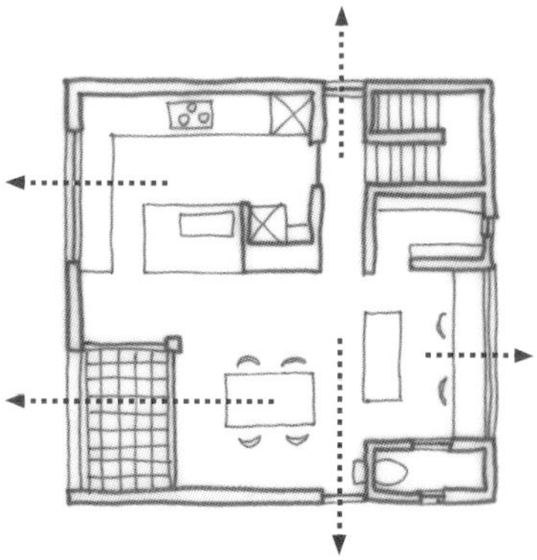

東西邊（橫向）可以眺望，所以使用透明玻璃。
南北邊使用不透明玻璃，因著重在通風效果。

除了大片窗戶以外，還有許多通風用的窗戶，可以隨時保持開放感

使用硬質的水泥與瓷磚為素材，會讓木材與草木顯得柔和許多

迎賓門的設計：顏色與素材

用石磚鋪設的地板，使用鍍鋁鋅鋼板（galvalume）為牆壁素材，以及清水混凝土（Architectural concrete）的門口，鋪設木板的天花板有著草木的增添點綴，彷彿圖畫一樣。再加上裡面光線的照射，讓看到的人不禁精神高昂起來地走進門口。

不影響整體感的書架隔間

這個家有全家聚在一起的餐廳空間與有長形整理桌的工作空間，並用書架做兩個空間的隔間。書架上還沒放置任何物品時，視線可以貫穿到裡面，實際上等物品或書本放上去後，剛好就成了真正的隔間了。因為工作空間的天花板不需要太高，因此在上方設計了閣樓。

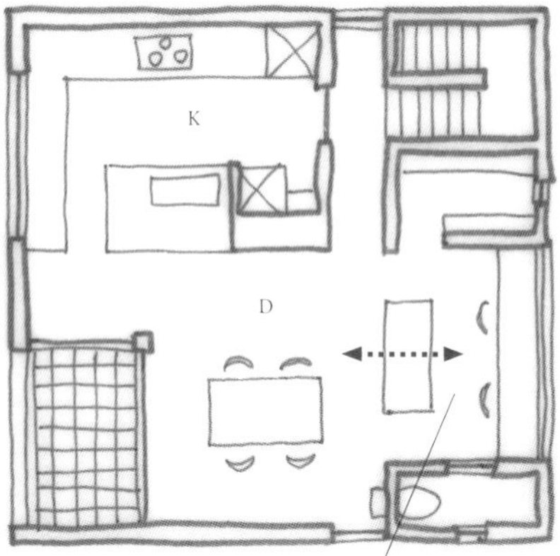

使用沒有背板的書架，就
會有前後雙重形狀的感覺

用開放式的書架做為餐廳與工作空間的隔間

因為是簡樸的屋內空間，地板使用人字形圖案（herringbone）反而會帶來獨特的氛圍

打造大型空間的關鍵要素

當然一開始要以擺放家具進去以及開始生活後的狀態為前提來完成設計。不過大型空間再經過一段時間後，也是會有比例平衡崩解的情況發生。首先廚房的高度在大約中間的平均高度。把大窗的三個對拉落地窗與上面的窗框整體化，調整地板與外面牆壁的素材感之間的平衡。活用在高台處建築的家所帶來的視野，讓景色這樣大幅的繪畫變得隨手可得。

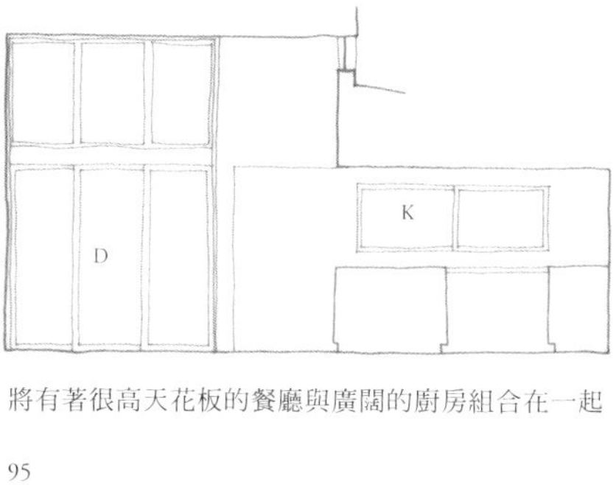

將有著很高天花板的餐廳與廣闊的廚房組合在一起

非常橫長的窗框，塗上了藍灰色藉以強調

剛好都包括在內的工作室

與工作室一樣長的工作桌椅及一樣長的細型窗戶。窗戶的中央部分是固定窗，兩側則是可以開啟的窗戶。往裡面看過去，可以與廁所的門到窗戶間互相通風。右手邊書架的上方，可以與餐廳的通風空間相互連結。剛剛好都包括在內的工作空間與客廳餐廳這樣的公共空間緊接著，可以很自在的自由使用。

每個家庭成員都有自己的個人空間，窗戶與家具則是每個房間都不同

也有這樣的選擇：最小限度的個人空間

這是閣樓式的床鋪與工作桌的組合，約有兩坪的個人房間

重視家庭的公共空間的同時，又可以做出自己私人的空間，其實是有方法的。能確保自己的私人空間，才能夠維持良好的家庭關係。這樣的狀況，當然最好是將個人空間降到最低限度的範圍，像很多人則是共同使用書桌與收納空間。能實在地保有個人空間，反而能讓家庭的溝通變得更順利。

十和田石與明日檜浴缸

地板牆壁與浴缸全面使用十和田石。浴缸邊緣則是明日檜

曾經在前一本書介紹過的好東西，使用十和田石做浴缸的地板與腰壁，沒有浸到水的上方則是用明日檜（羅漢柏）材質鋪設牆壁，都是非常便於清掃的現成品。在這個案例，客戶希望浴缸則完全是石造的，浴缸的邊緣則是使用明日檜與檜木。在這個情形下，可以的話，最好在二個地方裝設大窗戶，因為在不使用的時候，確實做到換氣通風是必要的。窗戶外面以草木當作圍牆，這樣浴室就完成了。

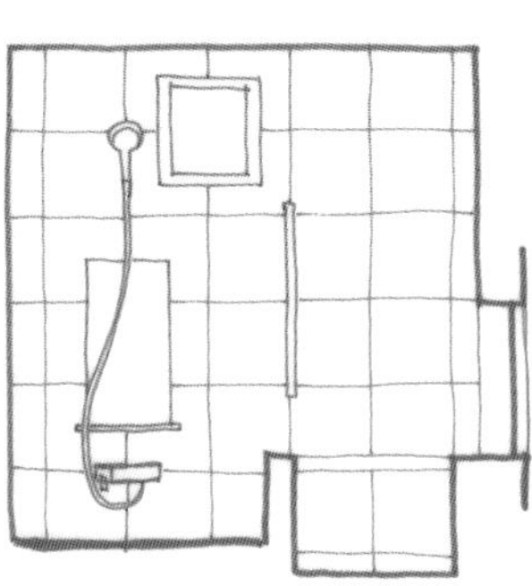

石造浴缸最優先的工作要點就是浴缸內部必須使用少量的填縫劑

映照在和式窗紙上的樹影

障子門所映出的影子，似與唐紙的花紋互相呼應

這是屋主所選的貼著萩花圖案唐紙的襖門（日式隔間門），是用胡粉（貝殼做成的顏料）染印的，不過如果不把光遮住的話，是無法清楚地看到花紋圖案。剛好在外面的逆光撫觸之下，才能看到花紋的時候，外面庭院種植的樹木枝葉的影子，映在障子門（和紙窗門）上，出現了意想不到的效果。唐紙與和紙是很容易受到光影響的優雅素材，因此才會產生很好的效果。

像松葉般的樓梯扶手

從樓梯望向玄關，可以看到雙重的圓弧造型

有個要把從牆壁突出的單邊固定樓梯，加上圓弧扶手的計畫。原本算好扶手的適當高度，等到現場要安裝時，突然擔心起會不會有人從扶手下方掉落的顧慮。屋主詢問著是否可以再加一根扶手就像樹枝分開一樣，於是我們接受了提議，就成了現在像松葉般的樓梯扶手，也彎像同心圓彩虹的扶手，因為史無前例，所以更能開心的使用吧。

扶手的高度和形狀不只要追求設計性，
更要追求功能性

不論是樓梯踏階和扶手，甚至障子門（和紙窗門）都是特別設計過的組合

3．3公尺的洗手台

長形的整理台不僅有廣闊的家事空間，還同時擁有很大的收納量

對住宅而言，會根據必要的基準決定一間房間的大小尺寸。不過本來房間的大小應該就是依個人自由所決定的事。這個盥洗更衣室的洗手台有3．3公尺，約佔有2．5坪的空間。如果有放置洗衣機的話，盥洗更衣室大一點會比較有充分的收納空間，也會讓便利性上升。為了保持從容不迫的美麗姿態，抱著愉快的心情做家事是再好不過了。

從道路到玄關門口間是曲折的通道。接下來要在中間位置安裝門扉

主導家門到道路間的距離

在沒有廣大土地的條件下，要取得道路與玄關的距離是很有限的。這個案例從道路到家門的地形是往上的狀態，所以兩者間的通道有必要調整。還要設置門牌、對講機、郵件信箱、宅配箱及門扉等等，這樣一來空間會不夠。因此計畫使用左右交互曲折的蛇行通道，如此通道台階的總長自然就會延長許多。隨著視線的變化，在抵達實際玄關門口前製造出一段距離，不僅開展不同風景還演繹出曲徑通幽之感。

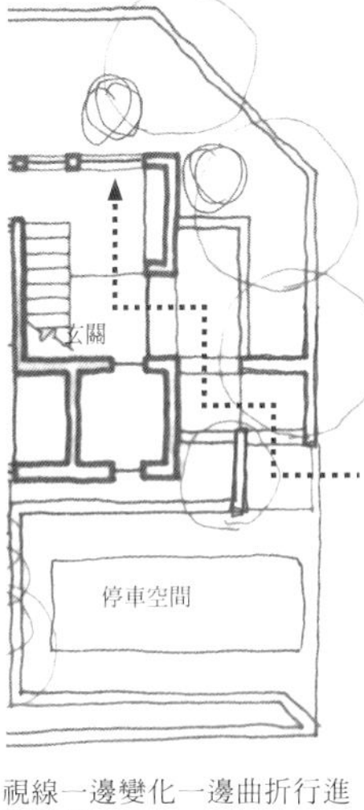

視線一邊變化一邊曲折行進的通道

多功能性的露台空間

雖然有點奢侈，這間房屋的二樓南北兩端都設置了露台。與尋常的露台不同的功能就是可以切斷從下面往上看的視線，此外因為有露台，二樓就可全部裝上落地窗，而且不論哪一片玻璃都可以從外面擦拭了。南邊的露台比較大一點，還可以提供在屋外快樂用餐的空間。

總長12公尺的屋簷與露台

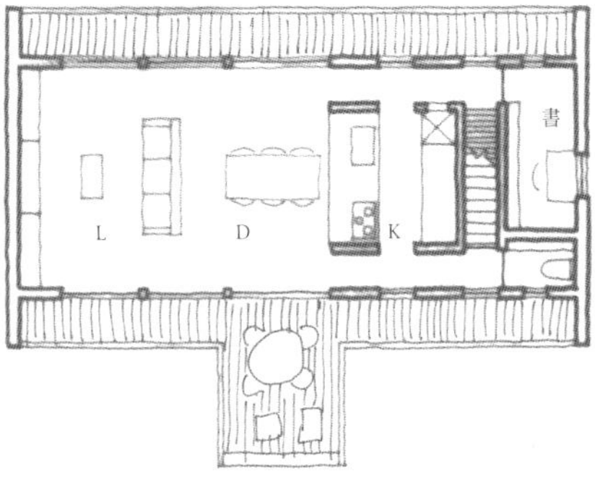

北邊是整排櫻花樹，南邊是庭園。兩邊都有露台

可以用餐與喝茶的屋外空間

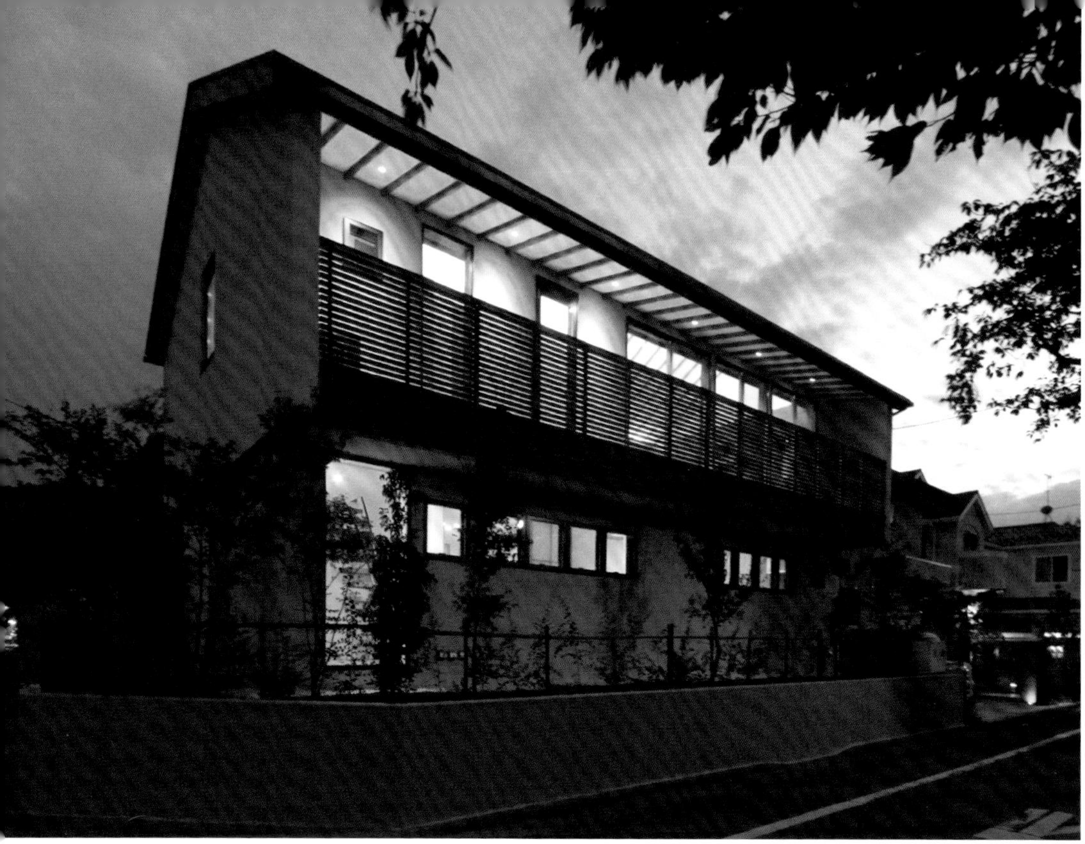

北邊的夜景。這一側有一排的櫻花樹

二樓比一樓大的房屋

有蓋二樓的家，對於社區而言，就是會看到很大的一面牆面。特別是這間房屋的建地比一般道路高，所以會更加明顯。由於屋主也希望這間房屋會帶給社區良好印象，所以我便提案二樓比一樓還大，做得很像二個平房重疊上去的模樣。照片是花壇的草木還沒成長前的狀態，是一棟比較不會帶來壓迫感的房屋。

因為2樓比較大，可以成為1樓的屋簷

等草木長成之後，2樓就會出現彷彿被小型花壇圍繞一圈的感覺

在大沙發前擺放可以用餘的桌子

兼具用餐功能的客廳

我的經驗是，住家將客廳與餐廳分開的人，很少有人會堅持一定要在餐廳吃飯的。這間位於大樓的住宅要改裝時，屋主即希望繼續使用自己喜歡的舊的巨大沙發，此外屋主還找了一個可以調整大小與高度的桌子，這樣一來，問題就解決了。照片正面牆壁的內凹空間，放置了玻璃餐具與裝飾用的架子，下邊則是收著audio network的機器。

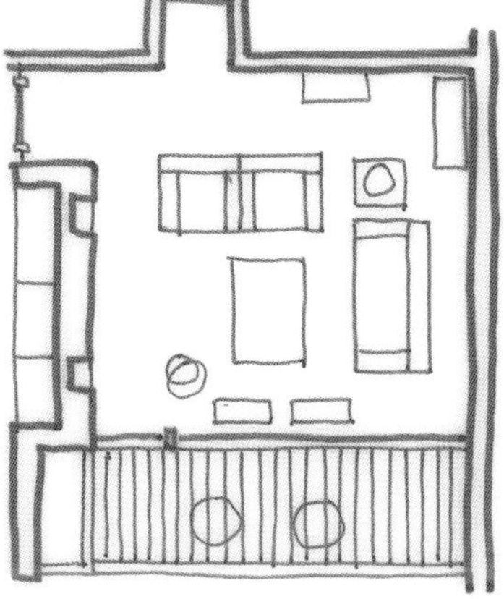

原本是一般房屋空間無法放置的家具，只要想對了方法，就可以輕鬆規劃配置

光線從樓上照射下來，白色、黑灰色、綠色、棕色的組合，形成了一種微妙差距的色調

聯結三層樓梯的綠色牆壁

在地下室有臥房的屋主，表示了「希望牆壁能漆成同一種顏色」的要求。這面牆壁是位於從地下室一直通往一樓二樓的樓梯旁。屋主認為既然這面牆壁是連貫通往到樓上，那乾脆就漆成同一種顏色吧。樓梯的鋼鐵部分是用黑灰色，樓梯踏階是胡桃色，還有白色牆壁的調和，整間房屋看起來熱鬧許多。

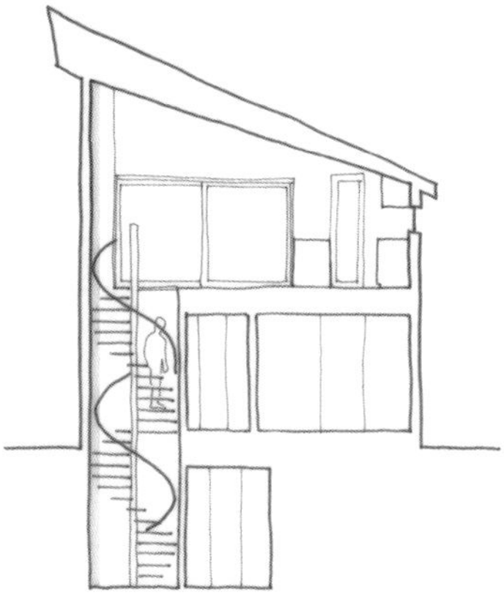

樓梯旁的這面牆壁是從2樓一直延續到地下室，全部都塗上了綠色

不論從哪個角度，都看得到屋外的那條河

由2樓的高度望向河川，視野會變廣許多

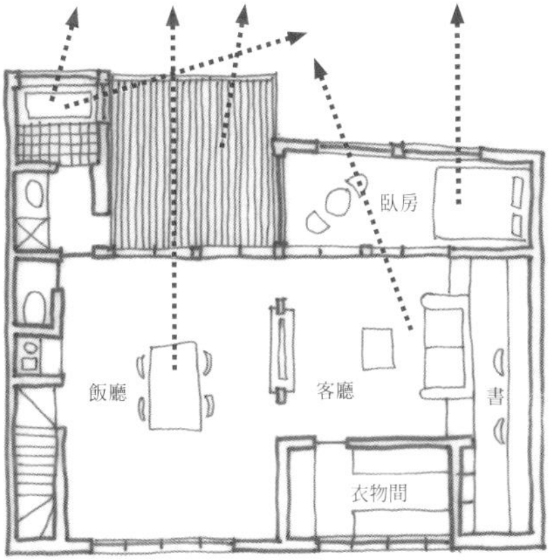

除了書房與衣物間以外，家裡不管哪裡都看得見河川

這是位於大阪堂島川旁邊已有古老歷史的建築物改裝。以前是分成好幾間小房間，由房間外的走廊串連起來，現在則是改成很大一間one-room的形式之後，在二樓屋內幾乎都可以看得到堂島川。日本曾經流行過「濱水區域」的用語，能在河畔度過的時光，是這個家送給住在裡面的人一個特別的禮物。

中央柱子必須在構造上加以補強

從左側裡面的浴室窗戶也可以看到河川

重點 大型單一空間的隔間

要把有100年歷史的木造建築物變成非常大的單一空間（one-room），必須以房屋構造最主要的柱子為隔間的關鍵要素。如同照片所顯示的這兩根中央的柱子就是隔間的關鍵。接著將四個厚木板架在柱子上，再把一些物品擺放上去，下方的地板也安裝好衛星電視接收器與相關線頭的收納空間，再購置薄型電視放在架上即可。衣物間做成像一個白色大箱子的存在。盥洗室與浴室等用水設備則分配在連接著的旁側空間。

從玄關望向客廳與餐廳。最深處是堂島川

原有建材的再利用

要改造的這間房屋留下許多現在這個時代很難再做出來的門板與木雕門窗。所以在陸續幾次的改裝中，決定用兩側的玻璃保護古老木雕門窗，將其留下再度使用。這次的改裝把尺寸不太合的門板外圍木框再重框一次，並重新更換玻璃以增加機能性。把古老工藝品留下，再度利用。

整修前是白色的門板

進入玄關後所見之物4

這是打開沒有窗戶的玄關門後，首先看到中庭的案例。往中庭方向開啟的門，特別強調它的縱向門框，如同左頁的照片，玻璃的上下是沒有門框的，因而顯現出摩登的氛圍。左邊的鞋櫃收納是隱藏式設計，地板磁磚則是配合了深處的草木與中庭的牆壁，選擇了異國情調（exotic）風格的設計，以達到三者間的均衡。

這是玄關內部有著以明亮的中庭為形象的素描

從玄關望向中庭的草木

從茶室望向主建築

通道與側邊的茶室

視線從餐廳望向茶室可看見茶庭

玄關旁邊的草木

茶庭與蹲踞（日本的茶室或
庭園的洗手組合之總稱）

從庭園看到的建築物全景

庭園構成的要素

很幸運遇到土地的多數面積可做為庭園使用的機會，當然不能否認沒有建築物的餘白之處有種種的可能性。例如有著愉快的植栽空間，或有露台、石疊、濡緣（譯註）、或是池塘，然後再把以上種種元素組合起來，就會產生無限變化。而這組合的變化可能會隨著家人的年齡或喜好而跟著改變，但還是希望能做出包容植栽草木歷經歲月更迭的成長變化與令人心曠神怡的庭園。

茶室的草木與茶庭

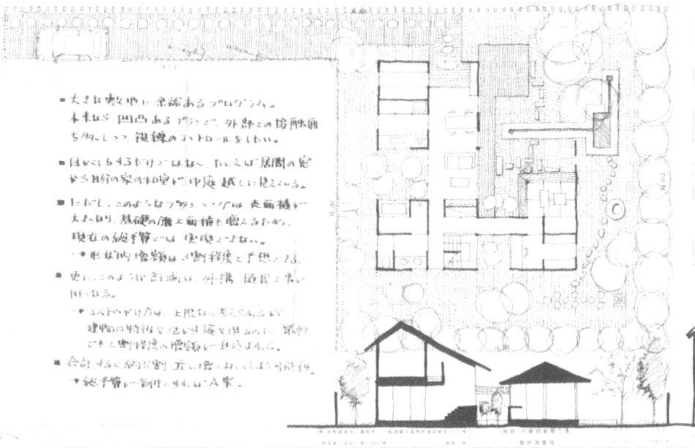

這是一開始簡報的平面圖，雖然與後來實際上有些許的不同，但還是一點一滴地把庭園完成

譯註　濡緣：日式房屋在沿著門口或窗戶邊有一排類似木椅，可以坐著或當通道

一進入玄關就會看見正面牆壁旁有光線透出來a

進入玄關後所見之物5

從地板到天花板，整面牆壁像是被切斷一樣

就算沒有草木或景色以及中庭等等，因為玄關是與外面連接的場所，因此一定要有光線照射進來。這個由黑色的玄昌石與石灰牆壁還有天花板所構成的簡潔的玄關，將兩個牆壁的接合處開成一個隙縫，像撫摸牆壁般的光線就會照射進來。因為是方向性很強烈的光，不論放置什麼物品在前方，美麗的光線都會照射在上面。

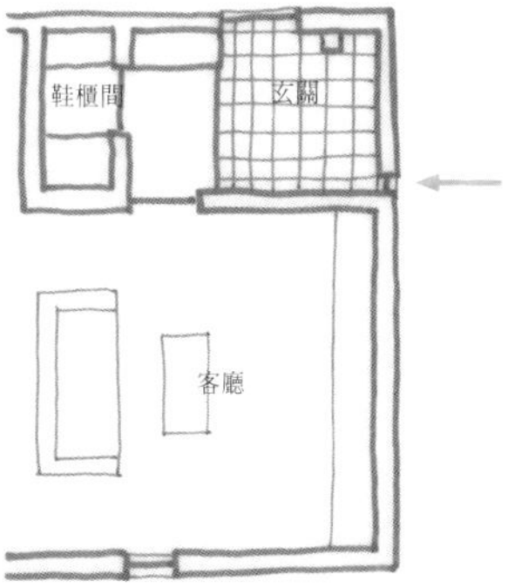

光只是從一個縫隙照射進來，卻有著滿滿的戲劇效果

四角型螺旋樓梯及其下方的收納倉庫

收納空間的天花板也是樓梯形狀

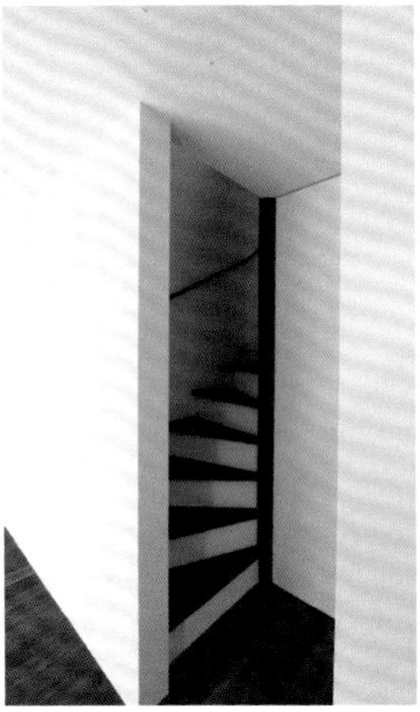

收納空間的門，關上看起來就像一面牆

在一坪的四角空間所做成的螺旋樓梯。在樓梯踏階之間安裝垂直木板，這樣裡面也會形成樓梯狀的空間。在樓梯支柱與牆壁間再裝上一扇門，就成了樓梯內部的收納倉庫。不過只是把它當成置放物品的空間會有點可惜，是個設計性相當高的角落。

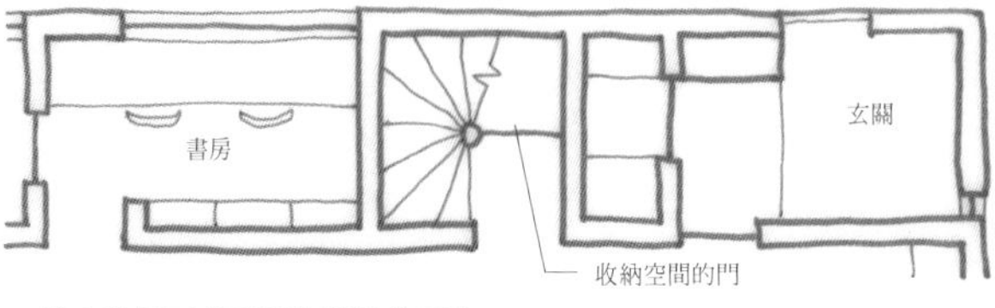

將木造的四角形螺旋樓梯的下方，變成很有風格的收納空間

在要上閣樓式床鋪的梯子內側架設了掛衣桿

在對稱式的兩個房間，唯有窗戶是不同的風格

左右對稱的小孩房

個人房間裡的必需品中，最大的就是床了。如果床又能和建築物一起完成的話，那房間內部可以使用的空間將更廣闊。以這個案例來看，這是左右對稱的兩個房間，唯一不同的只有窗戶的形狀。在爬上床的樓梯內側還準備了掛衣桿，可做為開放式衣櫥。書桌也是與建築物一起完成的，接下來就是再準備需要的書架跟收納櫃而已。面積雖小卻能廣闊地使用空間，只要下點工夫，就可以擁有非常舒適的個人房間了。

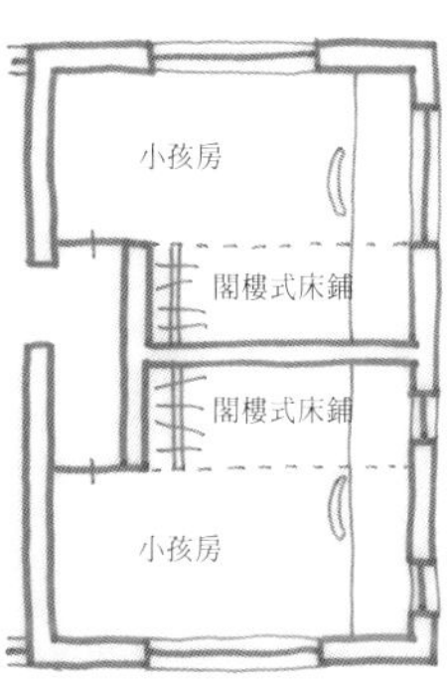

在天花板比較高的地方置放床鋪

便於使用且可以製造熱鬧效果的單色家具

裝飾牆面的層板架

電視機的電線盡量不被看見是最好的，像是DVD的收納櫃則希望用看得到正面的方式來排列，而裝飾品也可以並列的放在層板架上，是這次的案例要求。所以準備了一般的層板架與箱型的層板架，當然也有特製形狀的板架。之後也可以再追加小型的層板架或箱型的層板架。

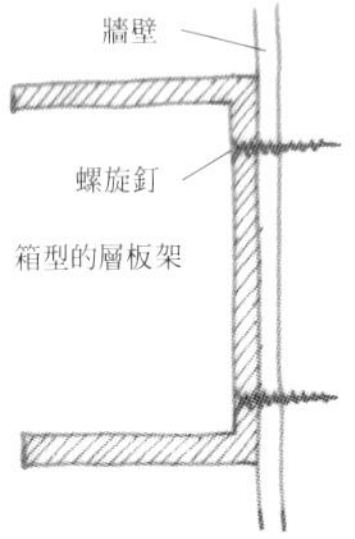

箱型的層板架則用螺旋釘固定

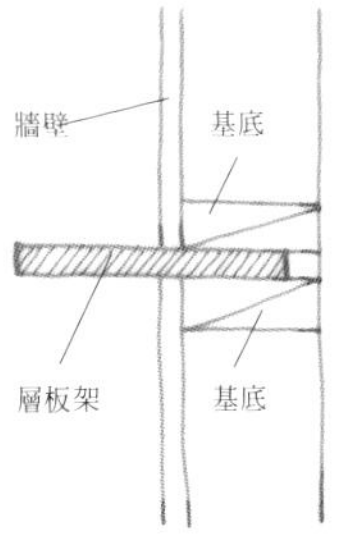

一般的層板架用基底夾住

未來還有增建可能的書房

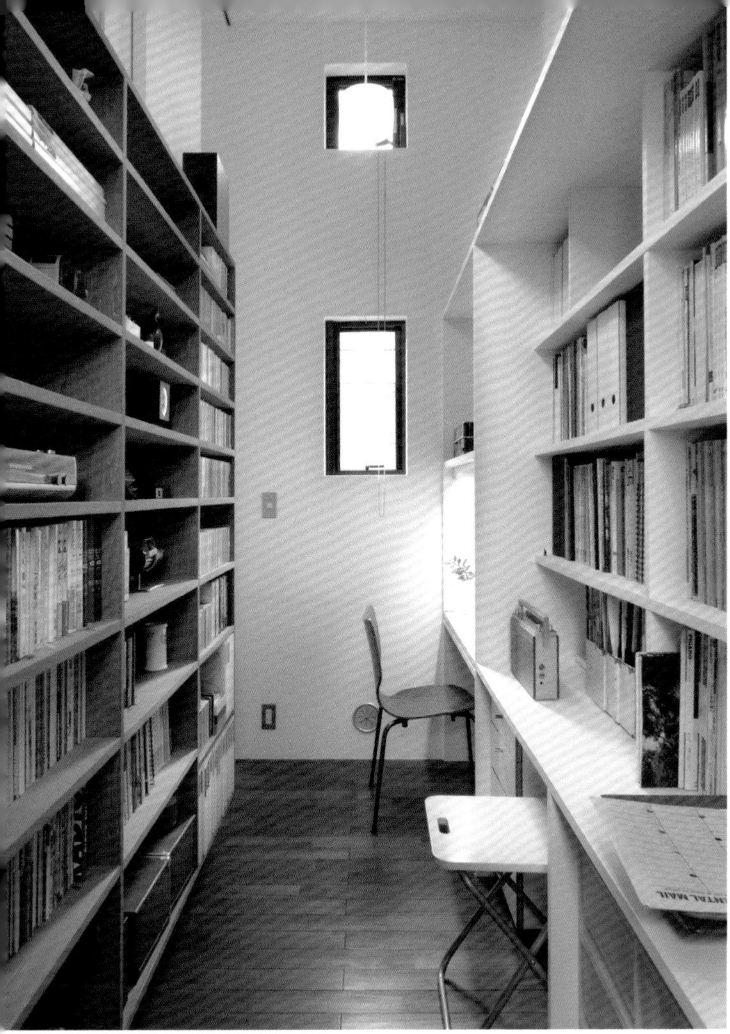

分成上下兩個部分時，即預想設計成兩個窗戶

這個書房的天花板高度有3.5公尺，現在書架的高度是手還可以拿得到的地方，預留將來容量不足的時候，所以設計成書架上方還可以再增加書架的形式。在書架上方預留可以再支撐書架的樑，並在高處位置設計了窗戶。現在高昂的天花板還頗具魅力，且書的容納量還很足夠，所以先暫時保持原狀地使用。

天花板高3.5公尺的小書房，物品如果增加的話，就必須往書架上方增加收納空間

從高度3.5公尺的拉門方向所看見的書房

可以看見專屬於工作室的坪庭

擁有專屬庭景的有趣工作室

作業工作桌置放在面向坪庭的位置

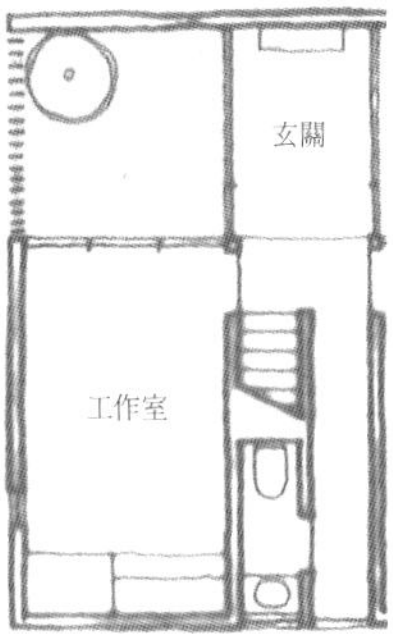

工作室專屬的坪庭，也提供了草木景色給玄關

這間房屋的玄關內部有一個坪庭，而這個坪庭也成為屋主手作包工作室的專屬坪庭。可以從玄關直接進入坪庭，因此也有自己的獨立性。在工作室桌子面向正前方的玻璃就是坪庭，所以也有獨佔性。如果沒有用窗簾的話，就可以在房間享受與庭園一體化的樂趣。當集中精神工作時，抬頭往前看，就可看到一片草綠映入眼簾，是很理想的工作環境。

從臥房也可以看見中庭的草木

在壁櫥裡隱藏著通風的窗戶

面對兼具通道功能之中庭的主臥

主臥面對外人進出會經過的中庭時，應該多少會不安吧。就算這個中庭當成玄關前的通道使用，不過大門裝有電子鎖並設有門鈴，基本上有客人在的時候，應該不可能會去睡覺。萬一很不巧剛好身體不舒服還在臥房休息時，又有客人要來，這時就要確實使用窗簾了。

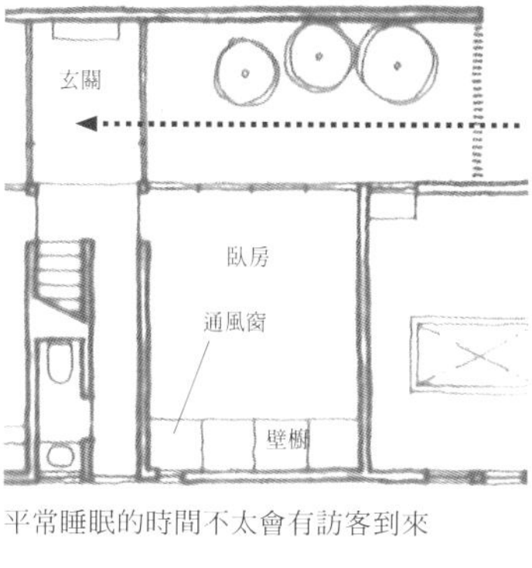

平常睡眠的時間不太會有訪客到來

以白色為基調突顯小物的家事工作房

像是擺放展覽品的收納櫃

建築物剛完成的時候，以白色為基調的房間，難道不會覺得有點太乾淨了嗎？充滿這樣氛圍的就是這間家事工作房。擺上有品味的小物、毛巾，再加上綠色的植栽，氣氛會變得完全不同、煥然一新。大面積使用白，可以涵括很多細膩之處，會呈現出很好的狀態。如果白色要使用少一點的話，也是沒有關係。於是這間房間變成彷彿像是白色油畫一樣。

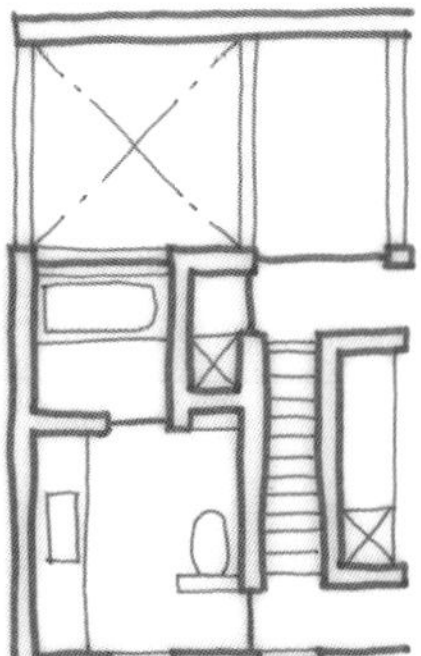

非常輕鬆的用水空間

洗臉台的下方有很大的空間置放椅子，有需要的話，椅子可以調整到適合的高度

從廚房望向餐廳與客廳

從廚房望向客餐廳

從客廳往廚房方向看

在廚房一邊做事，可以一邊參與餐廳的談話，另外廚房也可以與客廳一起共享電視。整體是左右皆可出入的回遊式動線（參照左下圖）。在廚房與大家面對面聊天的同時，希望手邊做雜事的模樣不被看見，為了實現屋主的要求，將流理台前方加高２０公分，隱藏手邊做雜事的模樣。

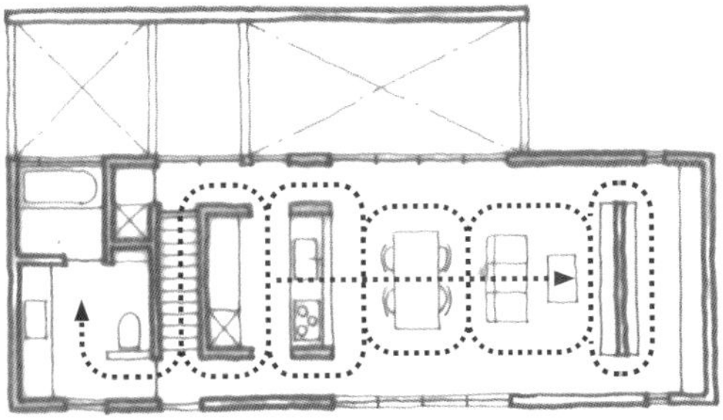

包括家具在內，都無法擋住彼此的視線，是整體暢通的動線

在停車場地面上的住家標示

在鋪上水泥時，將聚苯乙烯合成紙（styrene paper）做成數字埋在上面
水泥磚之間的植物是景天屬（sedum）

住宅的門牌號碼不曉得要標示在哪裡才好？客戶提出了這樣的需求，討論的結果是要標示在門口或圍牆上，但意外地要裝置在上面的東西很多，不容易給人乾淨俐落的印象。最後想到為了停車所鋪設的水泥磚，應該可以在水泥上面埋上數字。原本打算用數字蠟燭埋進水泥上面再融化，不過很難找到所需要的大型蠟燭。最後決定將聚苯乙烯合成紙（styrene paper）雕切成數字後埋在水泥上。本來要將聚苯乙烯合成紙挖出來的，不過覺得保持原狀還滿好看的，就決定繼續埋下去吧。

在車輪比較難經過的位置，埋上住宅的門牌號碼

像臥鋪火車的迷你小孩房

僅2.7坪的空間，預計做為將來分成兩邊的小孩房，並使用在其他案例裡也出現過的頂級的家具。床鋪下方的空間是書桌、衣櫥等等，還有書架跟小型收納櫃。在樓層的中央位置可當成通道兼用的遊戲場。將來會把小孩房分成兩邊，然後在門口的左右牆壁設置拉門。

在床鋪下方的衣櫥與書桌的使用情形

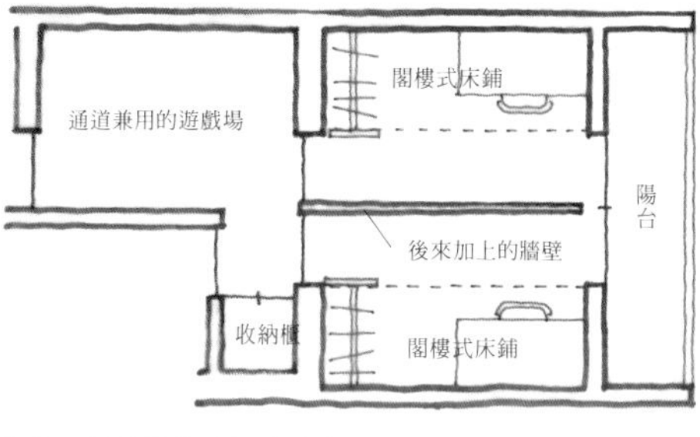

現在已經改裝成兩個房間使用

無接縫的浴室牆壁與地板

以FRP防水工事收尾的話，因為沒有接縫處，
壁龕的部分即可以簡單地清理了

FRP（玻璃纖維強化塑膠Fiber-reinforced plastic）被當成短艇或船的素材，現在是浴室工程的最後一道防水工事材料。因為沒有像磁磚有接縫處，所以輕輕擦拭，汙垢就會掉落。黴菌也難生長，若是有的話，也很好清理。像是原本貼磁磚的壁龕很怕容易有髒汙，現在也可以使用FRP來完成。如果與防潮效果好的木製天花板搭配的話，會帶給人一種柔和的印象。

以白色為統一色調的用水空間，接下來有一種要放置裝飾品的氣氛了

建坪8坪之家的客廳、餐廳與廚房

這個有一樓的房屋，在二樓有個八坪的公共空間，八坪再扣除樓梯與浴室，剩下的空間要容納客廳、餐廳及廚房。若是有個大一點又低一點的桌子，對於餐廳兼客廳會比較方便，又可以充實廚房的機能。在廚房的流理台下方裝有洗衣機，盥洗室＋更衣室＋浴室就在這一坪的空間內集中起來，就像食堂裡的推車一樣緊密。光線不只從東邊的陽台照射進來，西邊的浴室與樓梯也設計成光線可以照射進來。

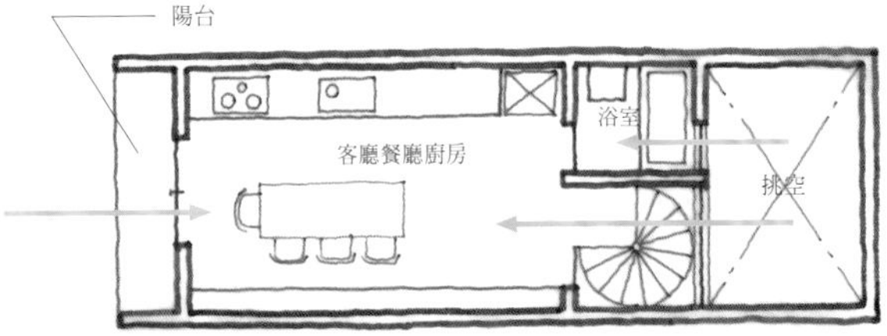

因為改建工程的緣故，浴室往樓下移動，原來的位置成了書房

地板與家具同樣為黑色，廚房裡則有安裝洗衣機

實際使用的情形。許多物品並排著氣氛十分熱鬧

這個區域是一個充滿恩惠、植有草皮的庭園

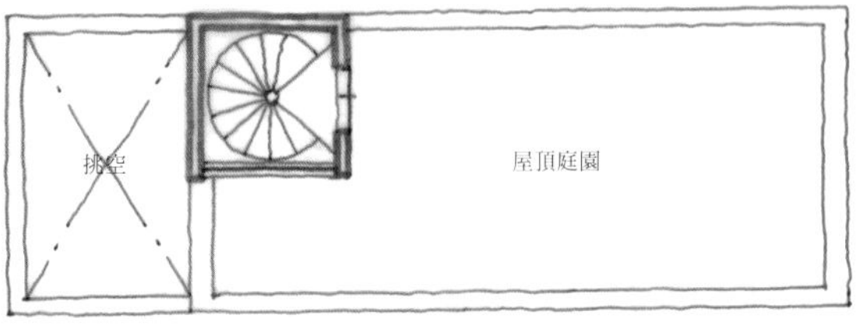

這是與隔壁住宅只有20公分距離的區域，能夠成為
這個模樣的庭園是相當少見的

老街中的小家庭裡
有一座不小的空中庭院

每層樓的建坪只有八坪，家人有四人，要如何舒服地住在這個小而充實又有機能性的房屋，是這次的設計重點。屋頂除去閣樓後約7坪的空間全部都要綠化，做成一個大庭園。三樓是木造建築，雖然厚度不大，但保濕性極高，為了不讓屋頂腐爛，使用了特別的土來綠化。在屋頂上鋪上了草皮，不僅斷熱效果高，也可增加屋內的舒適性，對於電費的減少也很有幫助。

在屋頂角落設置家庭菜園

收納空間就是要靠近使用場所才有功能性

全部都組裝成牆面收納

一切都以接近使用場所為考量的收納設計

如果整理收納的地方很遠的話，慢慢地就會在使用場所旁邊累積物物品。每個人的收納物品的總量是不同的，但如果離使用場所近一點的話，也比較好方便收納。像這個案例除了CD是站立式收納以外，DVD與藍光是可以看到正面的兩兩陳列方式放入抽屜裡面。中央的位置，考慮將來有可能會購置大一點的液晶電視，所以預留了一個對於房間而言已經很足夠的空間。

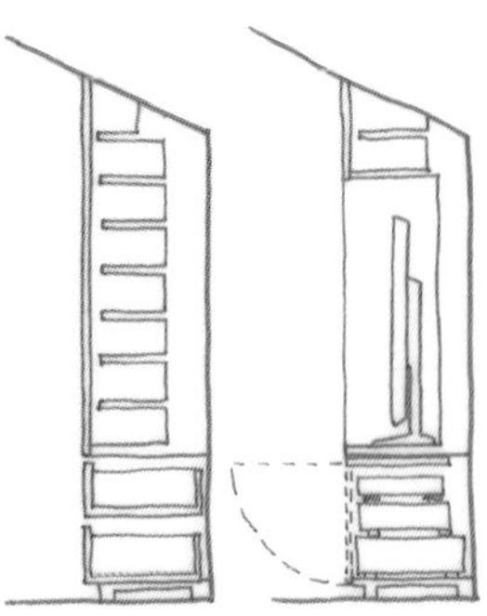

收納櫃的開啟方式是隨著放入物品的不同，可以任意更換的設計

通風與隱私兼備的浴室

這個案例是高位置的窗戶可以採光，低位置的窗戶可以通風，
預定在窗外種植物，讓通風的窗戶可以大膽地開啟

有窗戶的浴室不僅會有良好的氣氛，因為有通風的緣故，可以保持乾燥，對於清理而言也會非常愉快。話是這麼說，但是如果位處於市井鬧區，就算有一大片窗戶應該也會變成不敢開啟的窗戶吧。所以在設計時必須把窗戶開啟的方向與高度考慮在內，包括植栽與窗簾都讓使用窗戶更為舒適。這個案例的計畫是讓空氣進來的窗戶用庭園草木來遮蔽，高位置的窗戶則是不僅可以讓熱氣出去，也有採光的作用。

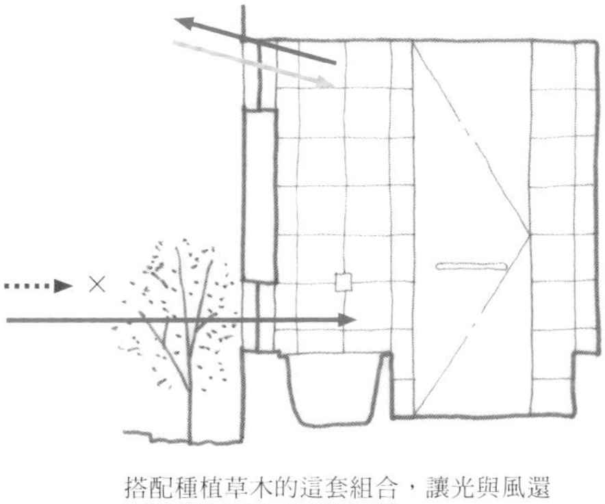

搭配種植草木的這套組合，讓光與風還
有視線都可以方便的掌控

夢想的衣物間1

以四個方向都能放置衣服，還有一個中央大桌子的組合做設計上的考慮

更衣間有四個方向可以放置衣服，中央的大桌子上可以把明天要穿的衣物排列放好。而中央大桌子有很多可以放置小物品的抽屜。這是大樓住宅改裝時，屋主提出希望可以實現夢想中的衣物間。同樣想實現夢想中的更衣間的另一個案例在195頁。

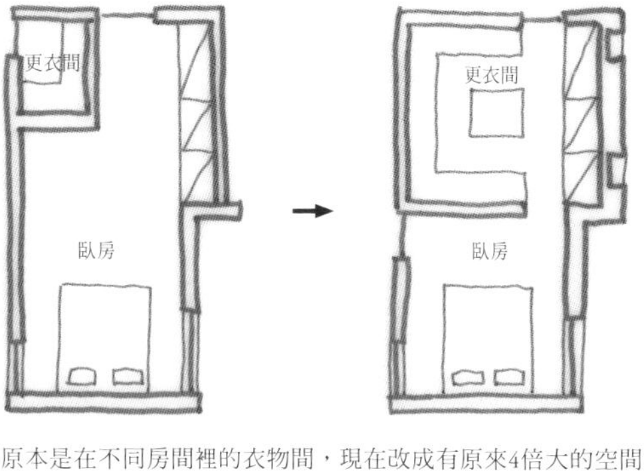

原本是在不同房間裡的衣物間，現在改成有原來4倍大的空間

平常是普通的面對式廚房

可以拉出吧檯的半島式廚房

把吧檯桌拉起後，可以面向著廚房喝茶與吃飯

想要一起圍繞在廚房吃點簡單的食物，也想要一邊在廚房做事，一邊端茶出來聊天等等，關於這樣的要求其實不少。可以在半島型流理台的另一邊，設置可以往上抬起固定住的板子，這樣就多出像吧檯般的空間可以使用。這個案例是半島型的流理台，也可以使用大家能圍繞一圈的中島型流理台。

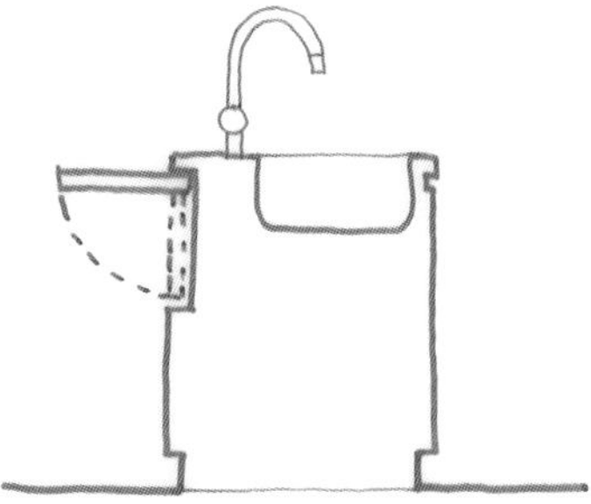

平時是緊密貼住流理台，有需要時就能成為增加寬度的吧檯桌

具有收納功能的壁鏡

正因平常不是開啟的狀態，才會看起來是一個簡單俐落又寬廣的玄關

關閉時的狀態，就是很大一面鏡子

從地板到天花板，像牆壁一樣大的鏡子，打開裡面是玄關收納櫃。一個只放了一張小圓凳，非常簡單俐落的玄關，不過實際上玄關兩側的大壁鏡裡面是有著大容量的收納櫃。玄關與門口之間的土間，與壁鏡還有10公分的距離，如果只是一般的鞋子，就不用打開鏡門，可以直接放在這個小空間裡。換言之，這是看不見收納櫃的收納櫃。等到「原本該有的樣貌」消失時，就會變成一種嶄新的設計。

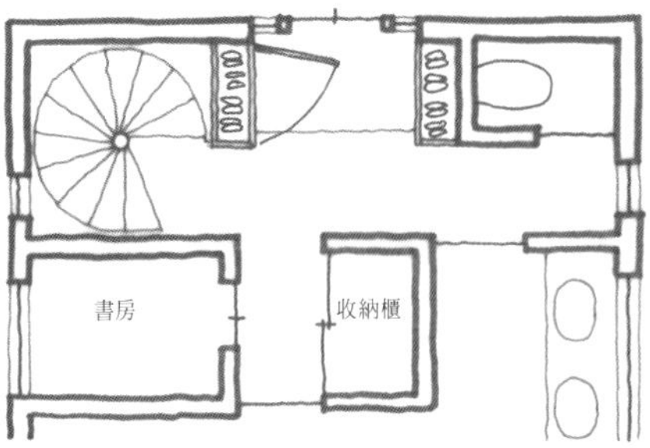

越是看起來「不像樣」的大鏡門，越有俐落的效果

從客廳的牆面拉出一間書房

看起來像是牆壁的外觀

將抽盤拉出來後，下面的空間會比較深一點，可以更輕鬆地使用

將平常看起來是俐落的白色壁狀門打開後，將抽盤拉出就變成一個工作空間。在LDK的空間裡的一個角落，可以擺放電腦與資料，但是平時要把這雜亂的樣貌遮掩起來，屋主這樣要求。只要設計一個軌道門，就會看起來與牆壁沒有什麼差別。旁邊則是一般開放式的收納櫃，下層則是有附門的樣式。

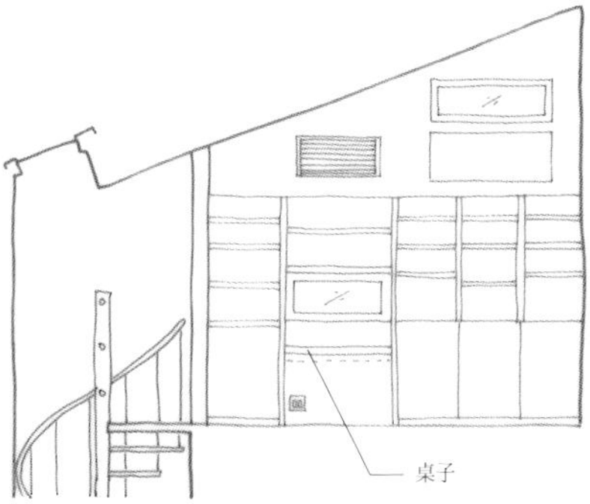

上層部分可做為一般的書架使用，桌子的部分只要將抽盤拉出來，就可以使用

被喜歡的事物包圍

我在前作曾經介紹過附有修理空間的車庫。愛車、機車、腳踏車、工具櫃與作業桌等等，被自己喜歡的事物圍繞著，沉浸在自己的興趣當中。地板是不用擔心水或者油漬的水泥地板。牆壁與天花板雖是木造，但選擇與地板相近的顏色。車庫的門則是木製捲門。

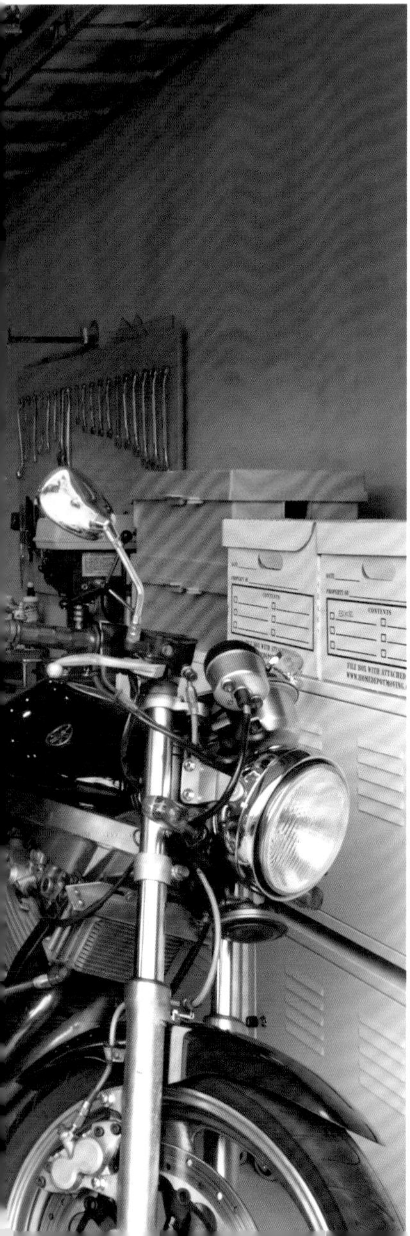

汽車、機車、腳踏車、工具箱、作業台……理想的嗜好空間

積極地使用外部空間

露台周圍的風景，透過四季的變換而與外在環境產生連結

在使用外面露台時，總能感受到來自大地的恩惠，為了能夠積極地使用，有下列幾項重點：首先，直到不在意的程度為止（個人差異性會有明顯不同）掌控好外來視線接觸的範圍；其次是隨時可隨意地往屋內移動，因為會有感覺到冷或突然下起雨的情況等等，這些不經意的小事經常成為很重要的點。讓快樂時光不會因為這些事而被打斷，才能讓外面露台成為日常生活的一部分。

白色廚房添上古董餐桌顯出品味

2樓整體均考量與外在環境的關聯而構成

從露台延續這樣的氛圍直到客廳

內部露台的植栽。有一面牆是以不規則的手法來鋪設鐵平石
從客餐廳的方向往內部露台望過去，可看見庭園的草木

用石地板打造客廳

植栽後面的牆壁為兩層樓高，是以不規則的手法來鋪設鐵平石

屋主要求從外面到裡面都用同一種石材鋪設地板。首先如果要使用表面非平滑的石地板的話，必須先考慮到椅子可否使用。更重要的還有石頭的質感與是否有獨特性，當然還有是否可以與外面的草木搭配。照片是鐵平石，用大接縫的手法鋪設，接縫處則使用豆砂礫鋪設。

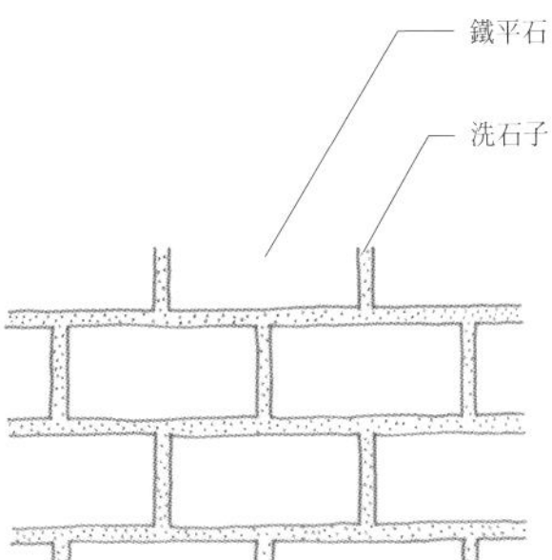

上下開啟的日式格子窗門

日式障子緊閉的時候。高窗與地窗會有柔和的光線照射進來

譯註　障子：日式格子窗門，在木製格子骨架上貼著和紙，原本是左右開啟的拉門

障子一打開，就會有直射光線照進來。地窗外面是小植栽區

小小的和室的地窗與高窗。屋主希望有障子全開的感覺，於是做成上下開啟的障子窗。高窗的障子往下，地窗的障子往上，剛好有著全開的效果。不過如果要這麼大的話，就必須使用雪見障子（譯註）的技巧了。也就是用軌道的摩擦，讓窗門可以固定住。如果是再大一點的尺寸，就必須使用平衡器具讓窗門不致滑落。

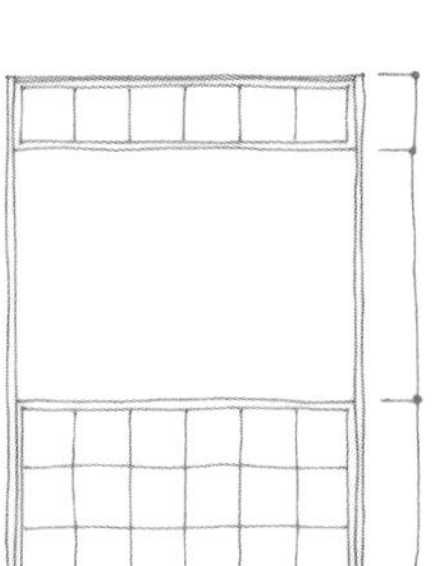

將格子窗門全部打開就會變得很明亮。以3：4：1比例，將窗門全部集中在中央，就是全開的狀態

譯註　雪見障子：在格子窗門下層的外面架設玻璃，把下層的紙門往上拉，就能透過玻璃欣賞外面風景了

從鞋櫃間進到玄關

有小朋友的家庭非常的多，常覺得玄關很難保持漂亮整齊。在玄關旁邊設置一個鞋櫃間的話，如果從鞋櫃間進到玄關，家人平常穿的鞋子就會放在脫下的地方，而保持玄關處於整齊的狀態了。

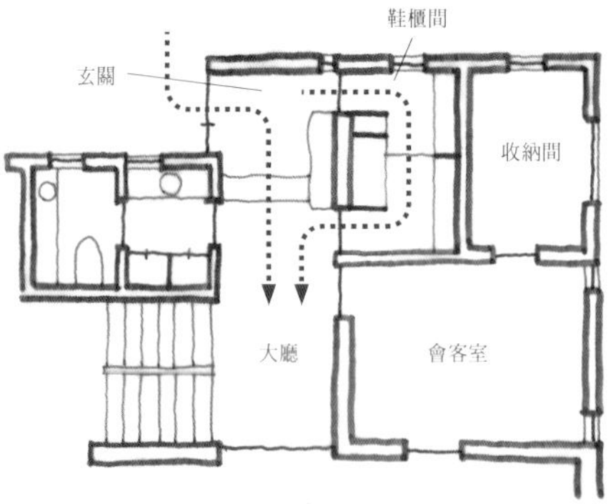

雙重動線是玄關整齊的重點

土間一直連續到鞋櫃間裡面去，同樣也要上一格才能進入玄關。

有天窗的讀書空間

右側的牆壁最裡面可放置一般書本，另一邊可以放置文庫本。
從天窗照射進來的光線，幾乎都是溫和的間接光

在上下樓梯之間的路線中途，有個寬廣的地方，希望可以有書架及椅子，做成一個讀書空間，這是屋主的要求。忽然想起的書，可以馬上拿在手裡，隨著自然光的落下，自己也沉溺在讀書之中了。是個有點奢侈的場所。

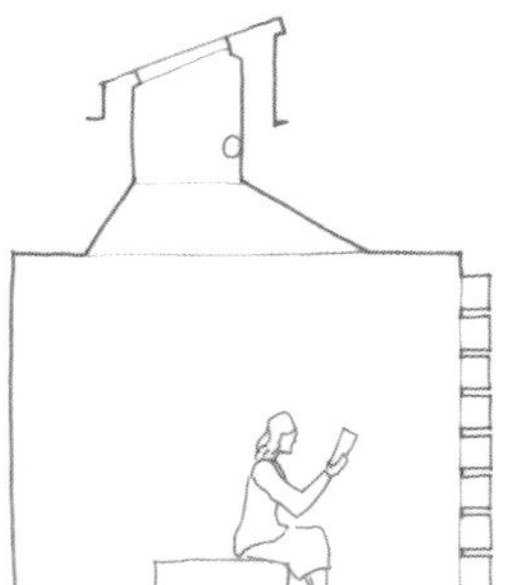

從天空照射光線進來的讀書空間，其實是一個很寬廣的走廊

可以看見從大門口到玄關處的通道，從中央把兩世代住宅左右分開

石磚通道

大門是以兩個石柱乘載平板的設計

一是土地廣闊的緣故，二是土地形狀的關係，從大門口到玄關有段距離，於是賦予這個通道一段戲劇性的開展。要鋪在這的石板與植栽都已指定，接著是二台車的位置分配。還有兩世代住宅要分開的電線與瓦斯管，水管的計量器及丟垃圾的動線，另外還有如何用草木來遮蓋牆壁，在看見與看不見之間，一邊拿捏平衡，一邊計畫通道的設計。

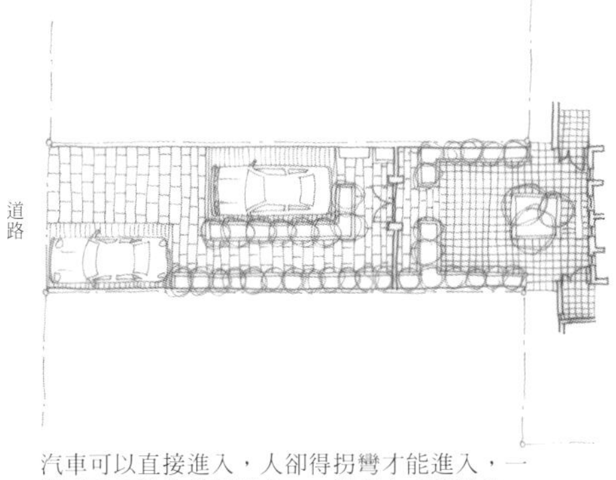

汽車可以直接進入，人卻得拐彎才能進入，一邊感受通道的戲劇變化，一邊朝向玄關邁進

從書房這邊可以望向臥房

裝飾窗的回收再利用

透過裝飾窗可以看到與工程一起完成的書桌

很舊的日式房屋的建材或者是裝飾窗大多會收藏在工務店的倉庫裡，我的客戶去選了一個裝飾窗回來，想要裝在書房與臥房之間的牆壁。如果要照自己原本想要的樣式去尋找的話，其實是難上加難，在現有的物品裡面挑選一個喜歡的，才是比較實際的做法。這個裝飾窗是現在的專業師傅也很難做出來的手藝技巧，的確讓房間內的氛圍大大改變了。

這個裝飾窗就讓房間內的氛圍大大地改變

開放式書架只有中央部分是有附門的

玄關收納空間與書架的合體

收納架的門板配置是設計的要素

入口空間是「不太大的大樓住宅」的改裝，如果有鞋櫃的話，這個空間的用途就會被玄關的氛圍支配，於是提案把鞋子以外的東西一起收納在這裡吧。若做為公司行號使用的話，映入眼簾的不是鞋子，而是書籍、資料、商品、小物品雜貨等等的陳列。所以就變成了裝飾品與不太能被看見的物品兩種都可以收納的架子了。

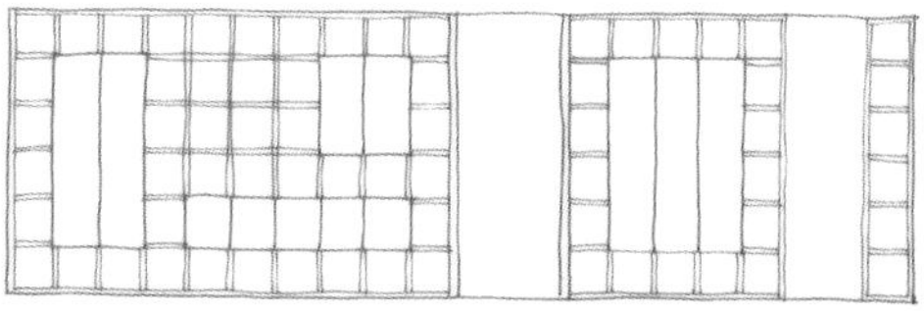

開放式書架與有附門的收納架的組合所構成的家具

用間接照明與格子窗門來改造大樓住宅

房屋改裝前的樣貌就是天花板保持建築構造原本的凹凸不平

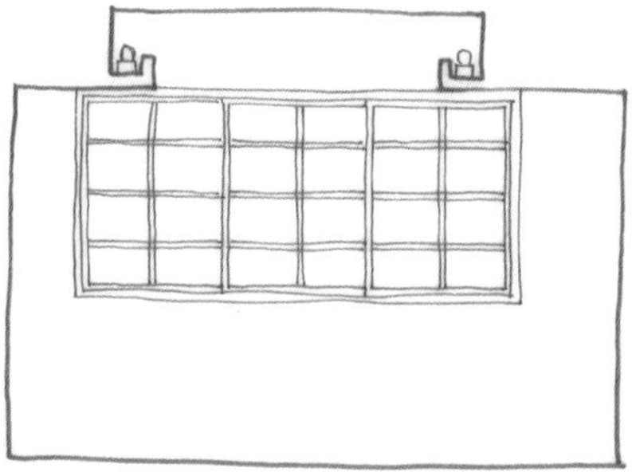

為了將橫樑隱藏起來，就讓天花板低一點，中央部分再往上提高，以減低壓迫感

把橫樑低的地方與天花板合在一起，中央部分再往上挖空，並採用間接照明的方式

橫長的格子窗門是為了有共同的特徵

因為受到高度限制的因素，這個大樓住宅在改裝前的天花板有大型的橫樑露出，看起來就是凹凸不平的樣子。所以首先將天花板稍微降低，沒有橫樑的中央部分用高一點，然後用間接照明的手法，讓天花板的凹凸形狀變成是「故意設計成這樣的形狀」。其它的部分還有為了配合房間而有了高度寬度不同的窗戶，也用「橫長型格子窗門」來給予共通的特徵，這也是故意裝置成這樣的，也就是要看起來像設計過的一樣。

讓盥洗檯與浴室的意象煥然一新

有太多的要素混雜排列在一起

以前的盥洗室是用既成的盥洗組合與壁紙，塗上棕色的門框等等，醞釀出一股混亂的氣氛。

以下是改造的要點：

①將具有素材感的組合整理起來，並絞盡腦汁想好種類。

②盡量將使用的顏色控制在一定程度的相同內，相對於生活用品的擺置，留下一些餘白。

③高度與縱線要一樣高，讓參差不齊的感覺可以少一點。

就是用以上的要點實際操作。也就是說，將要往目標邁進所必須具備的要素匯集整理起來，實際作業方面也是如此，所謂的設計與整理，廣義而言，應該也算是同義詞了吧。

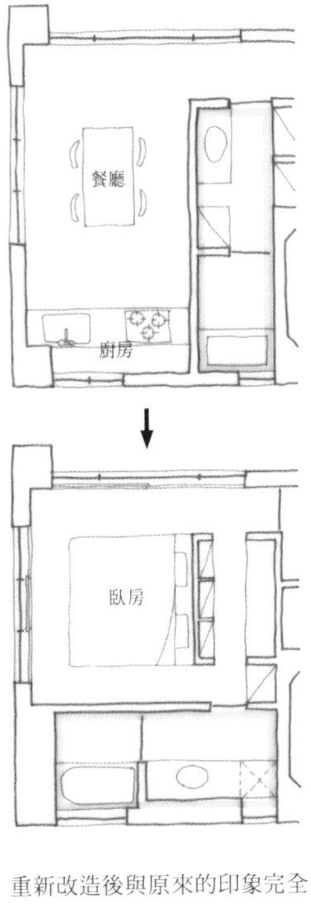

重新改造後與原來的印象完全不同的盥洗室與浴室

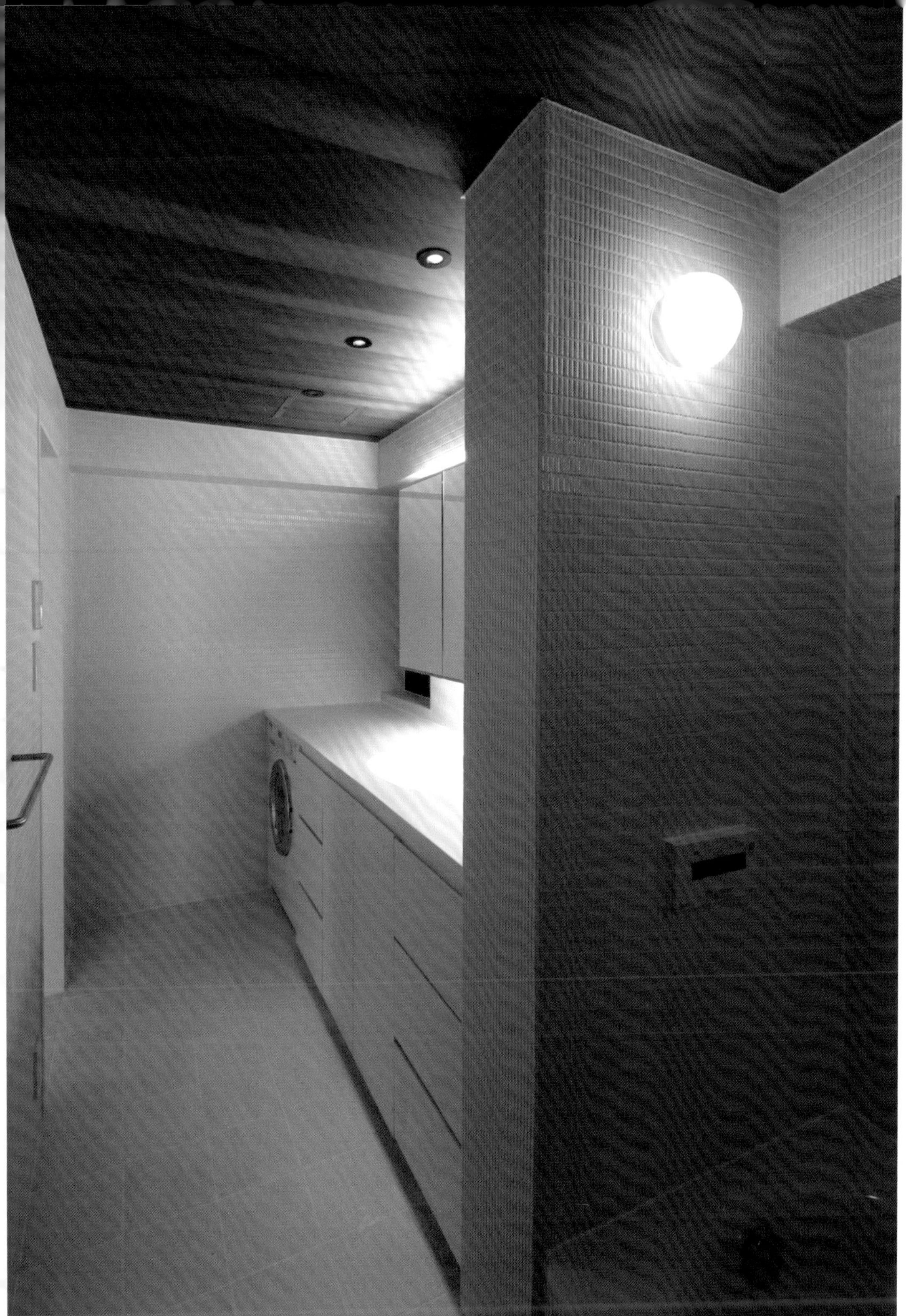

 集結了各種要素，並統一成一種印象的盥洗室與浴室

兼具客房功能的2疊＋1疊日式茶室

最後度過晚年的家，希望可以享受茶道的樂趣，這是屋主的要求。一開始是以二疊（一坪）的和室來考慮，後來屋主希望如果可以的話，也能方便親朋好友在此過夜。所以就把放棉被的壁櫥提高，以方便腳可以伸展。這樣一來，附有壁櫥的三疊（1.5坪）客房就此成立。以這個案例而言，南北兩面都有窗戶可以通風，原本不能使用的壁櫥下面的空間，像這樣提高後又有地窗，以後也可以只鋪木板，變成藝術品展示空間也是可行的。

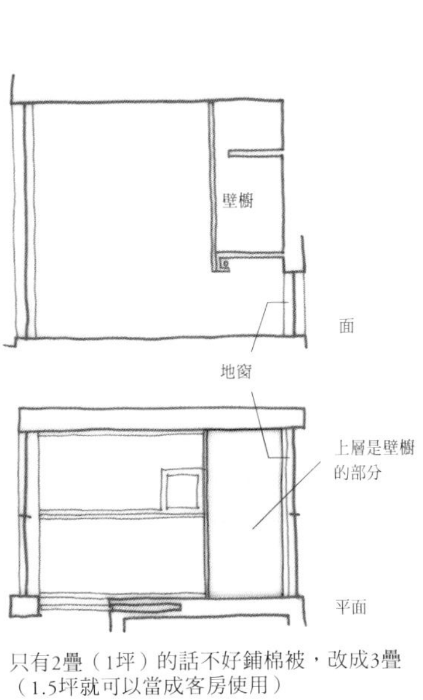

只有2疊（1坪）的話不好鋪棉被，改成3疊（1.5坪就可以當成客房使用）

雖然是小房間，卻是可以愉快並任意使用的3疊（1.5坪）房間

窗：從內望出去與從外看到的

這個案例是愛知縣豐橋市的一間寺院住持的住居，鋪有榻榻米，最裡面有一層階梯高的坐禪空間，並依照要求，在這裡裝設了一個圓窗。這個圓窗如果從外面看這棟建築物，也不能說算是一個很大的象徵。不過圓窗的開啟方式，要設置在屋內的哪個位置，什麼樣的高度，都是經過考量的。同時從外面看到的「家的外表」，會有什麼想法，都是決定安裝窗戶位置時要想到的。

從外面可以看得出窗戶的排列是經過設計調整

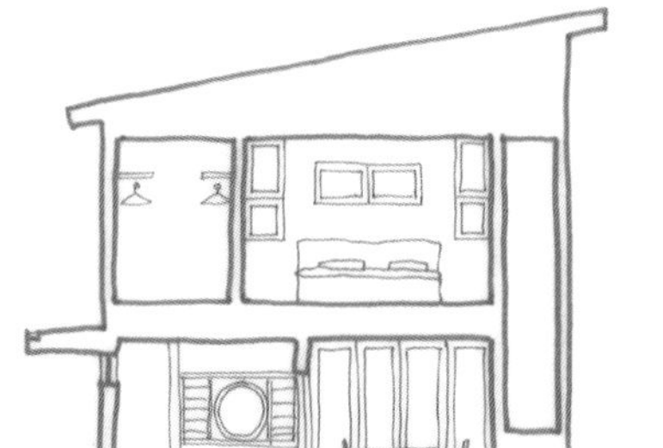

從室內所看到的窗戶與從外面所看到的窗戶對比

不依賴排水幫浦的地下室

地下室的自然光與風是來自地下通道（dry area），不過下雨時雨水落到地下通道的話，就必須仰賴機器來排水了。這個案例的土地高於地面，因此計畫挖淺的地下通道，以便雨水直接排水而不使用幫浦。現在我們還無法預測雨降下來的方式，但是土地的條件如果允許的話，這也許是具魅力的選項之一。

面向較淺的地下通道的高窗

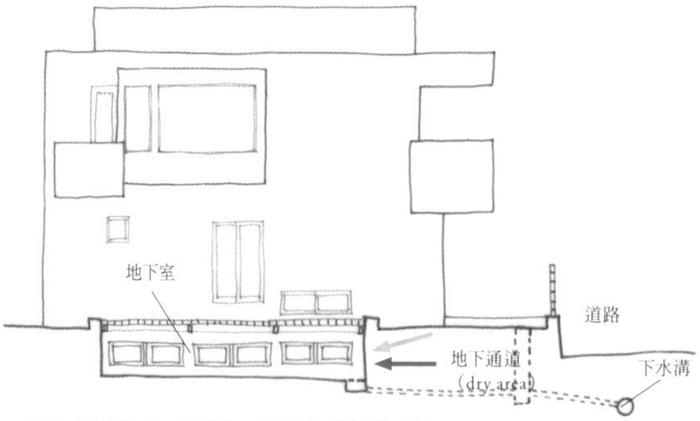

因為是淺的地下通道，可以直接排除雨水

地下室將來準備要隔間，現在則是很大的單一空間（one-room）狀態

從走廊通道裡面望向玄關，舒適寬敞的廣度給予走廊獨特的氛圍

西式地板與和室的融合

附有裝飾窗的襖門連結著兩個和室，旁邊是玄關還有通道。如果是一般的情形，從玄關的格子門開始一直到走廊通道，會選用和風的材料。不過這裡為了跟其它樓層做連結，廣泛地使用核桃木的材質。白木的和風建材也只有做為拉門的襖門而已。看起來卻很像是混種的感覺，完工之後更有這樣的想法，完全沒有違和感，而且各以各的要素共存著。挑選素材來進行工程時，應該去想是否可以搭配融合，這時不應該從既成概念中來捉取，而是要將素材擺放在一塊，然後去推敲計量，這時一定會有新的感受誕生。

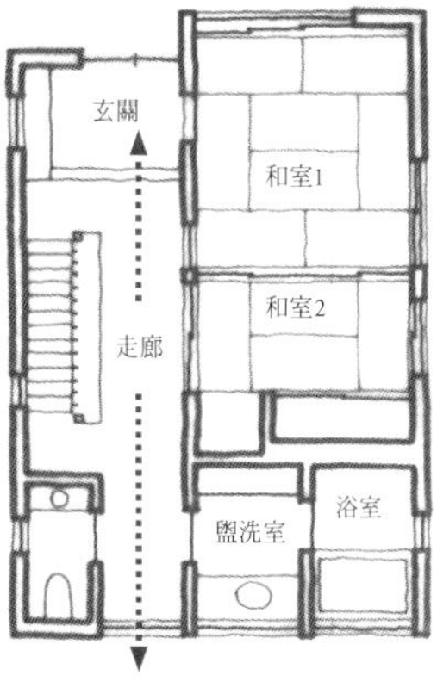

除了地板的材質以外，明暗之間的平衡才是具有日本風格的走廊

圓形的障子

當障子門關上的時候。從玄關這邊所拍的照片

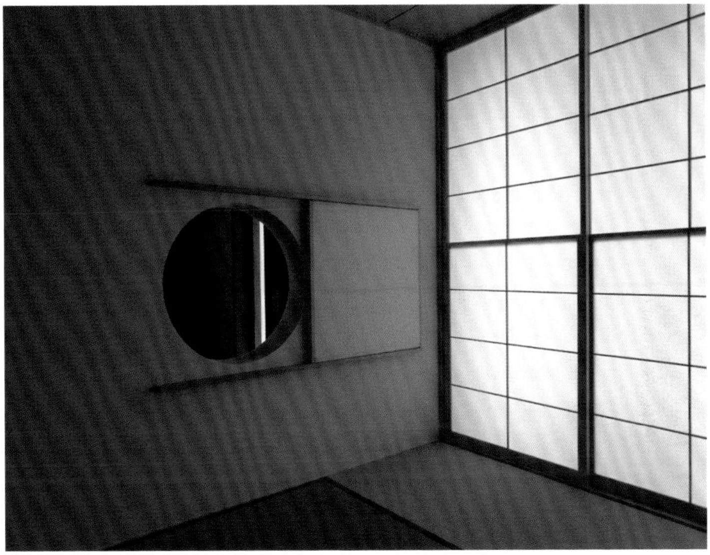

從圓窗的內部可看出障子門是四邊形

到目前為止25年，在超過200間住宅設計當中，附有圓形窗戶的案例約有5%左右。這樣算是多還是少，意見其實是分歧的，不過比起我想像中的，明顯的還多。其中有的是屋主的要求，意外地這種案例還滿多的。圓窗的特徵即是要特別訂做，景色或者是天空，以圓形的框架去觀看的話，就像一幅畫一樣。圓窗與障子搭配的例子不算少。以圓形這樣的形狀在性質上，以一般世間常情而言，門窗的骨架應該會坐落在中心線才對，不過其實就如同照片一樣，有點偏離的做法才是多數。

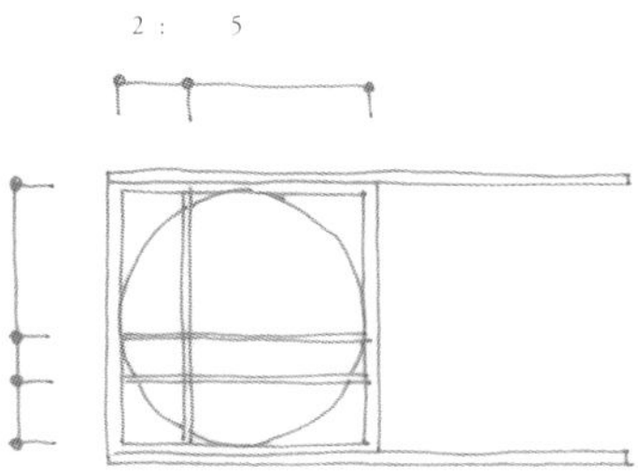

圓形的分配要如何取得平衡，還是得靠畫圖的方式，重複不斷地確認，才是最有效的方法

在自家觀賞黃昏美景

視線從廚房穿越餐廳所看見的中庭

這是一個很大的コ字形的家。將中央種了很多樹的中庭圍住的另一邊，就是自宅。如果將中庭的另一邊房屋的燈打開的話，從這一邊看過去，彷彿在欣賞黃昏美景一樣。但相對地，雖然房屋與房屋之間就必須容許彼此的視線，不過只要將浴室、盥洗室、廁所、家事室等等移到最後面那一邊，就沒有什麼問題了。二樓都是並排的個人房間，所以只要有橫的格柵（Louver），就可以阻斷由下往上看的視線。

這是挑高的預備空間

從工作室欣賞自家的黃昏美景，可看見1樓的客廳餐廳，
不過2樓因為有欄杆當成柵欄，幾乎看不太清楚

加強型節能房屋

這是一個將乾式的纖維素絕緣材料（Cellulose insulation）斷熱確實做好充填，並裝有木製窗框的三層玻璃居家。窗戶的安裝位置都是考慮過通風的問題後規畫，也確實架設了屋簷與遮陽棚控制陽光照射的問題。外表面積較少的箱型建築物以南邊的傾斜屋頂裝設17.745kw的太陽能板（在日本超過10kw必須使用事業契約），以整年的數據來看，雖然已經是完全電氣化的住宅，但是比起用電量，發電量很明顯地往上升，已經是真正實現加強型節能房屋。

妥善處理通風的問題。雖然是三重玻璃，但可以看得很遠。因為有挑空的關係，空氣非常流通

屋頂全面搭載17.745kw的太陽能板裝置

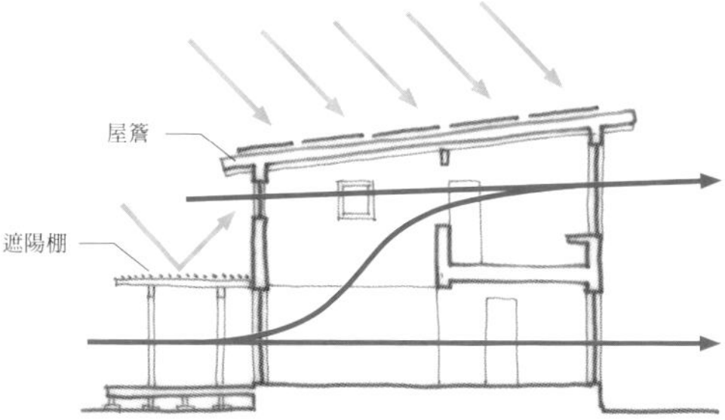

最重要的是控制好通風與陽光照射問題

比起已消費的能源，發電量還比較大的加強型節能房屋

	賣電費用	用電費用
2013.01	73,416	37,165
2013.02	82,446	32,089
2013.03	69,426	26,888
2013.04	45,948	21,768
2013.05	116,340	21,269
2013.06	77,868	19,289
2013.07	92,316	24,967
2013.08	92,484	29,893
2013.09	77,616	24,029
2013.10	66,780	24,699
2013.11	69,426	22,110
2013.12	45,948	28,659
年度合計	910,014	312,825

一年 597,189 日圓的收入

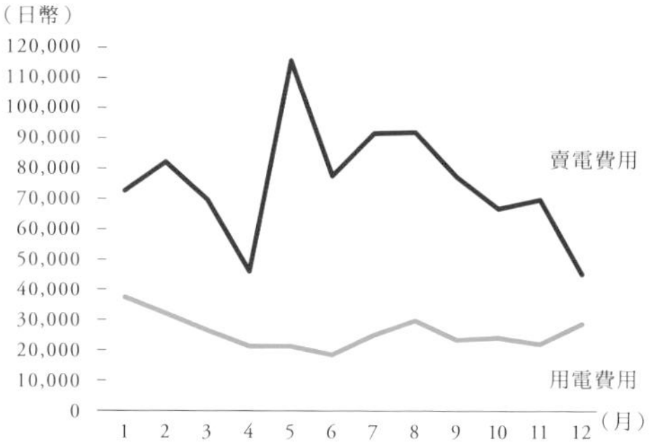

	賣電量	使用電量
2013.01	1,748	2,391
2013.02	1,963	2,019
2013.03	1,653	1,480
2013.04	1,094	957
2013.05	2,770	881
2013.06	1,854	714
2013.07	2,198	926
2013.08	2,202	1,136
2013.09	1,848	896
2013.10	1,590	1,008
2013.11	1,653	1,043
2013.12	1,094	1,808
年度合計	21,667kwh	15,259kwh

一年度 6408kwh 的剩餘電力

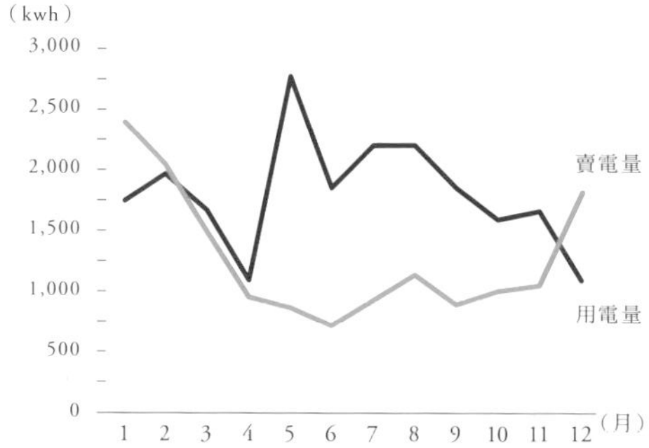

到處都有分配得很平均、空氣流通的窗戶

廁所的牆壁雖然使用了橘色，不過地板及天花板與隔壁盥洗室一樣

善用顏色：廁所與洗手台也可以打造出趣味空間

在房間排列配置的反覆檢討之中，住戶最有感覺的是這個細長型廁所。這是怎麼一回事呢？原來這個細長型空間分成盥洗空間與廁所。這個空間不僅可以引起玩心去裝飾，更附加了許多便利的要素，所以這個案例是一個令人愉快的場所。洗臉檯與抽屜收納空間當然可以使用自己喜歡的顏色，然後利用牆壁的厚度來做壁龕，將會使這個空間更加富有魅力。

在收納空間的其中一部分設置了洗手檯

要將洗手台中央下方的門打開，就可以坐在輪椅上使用洗手台

看得到、以照護為考量的廁所

為了長時間一個人也能方便使用而打造。然而萬一需要別人幫助的時候，也方便繼續使用，是一個寬敞又可以輕鬆使用的盥洗與廁所空間。還有一個不會帶來麻煩的拉門，只要將拉門拉開，就可以讓輪椅進來。在簡雅的設計中，融合許多無障礙空間的要素。一般的情形，廁所門打開的這一側是走廊通道，但這間廁所在另一邊還有個門，打開裡面是臥房，這條動線是從臥房直接通到浴室，以方便直接使用。

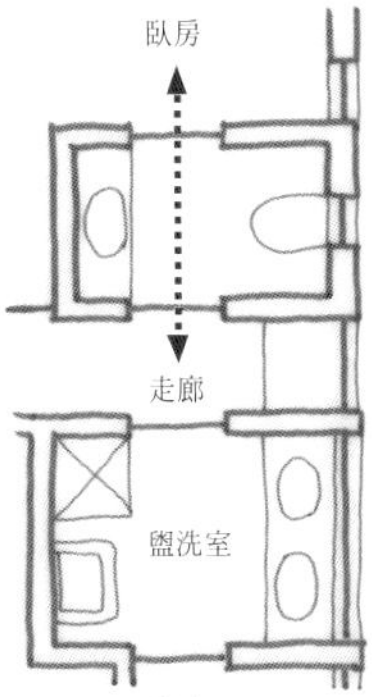

只要將廁所走廊邊的門拉開後，就可直接通往盥洗室與浴室了

只用白色的話，連陰影都很美。置放在廚房的物品，也因此看起來更美麗

用白色連貫整合的系統廚房

廚房如果全部使用白色的話，食材與料理器具看起來會鮮豔許多。這間廚房不論是牆上的磁磚或是食品架的門，都統一使用白色。當然對於會感到有點束縛的人而言，要喜歡這樣的設計或許有點困難，不過對於喜歡極簡風格的人而言，這應該是很理想的廚房。在爐具後面張貼沒有接合點的廚房壁板，而最裡面那一面牆壁則是使用風格鮮明、具有凹凸形狀的磁磚。

與掛壁式電視為同一面牆，是當初構成時的要素之一

白色的收納展示牆面

壁龕上的每一格都有安裝LED照明

有著厚實牆壁的歐風石造建築，屋主希望可以第二間改裝的這間房屋也在部分牆壁上挖掘穿洞，來做展示架或壁龕使用。在白色牆壁上所挖的洞，可在裡面安裝燈光，這樣會讓整間房間變得更有趣味，下方橫長的洞，則可以放置影視音響等等相關機器。

夢想的衣物間2

一位參觀過夢想的衣物間1的朋友，拜託我務必幫他改裝。是一間位於大樓住宅的全面改造。衣物間分成了兩間，分別是「當季最喜歡的衣服」與「其它季節的衣物收納」內外兩間。從盥洗更衣室到浴室還有洗衣間的連結都列入在設計考量之中，因為是房屋改造，所以水管設備無法更動。因此不管是棚架或是抽屜收納，每個空間都要與屋主確認討論後才能開始工程。

中央是小物品與飾品的收納櫃。上面的平台也可以使用

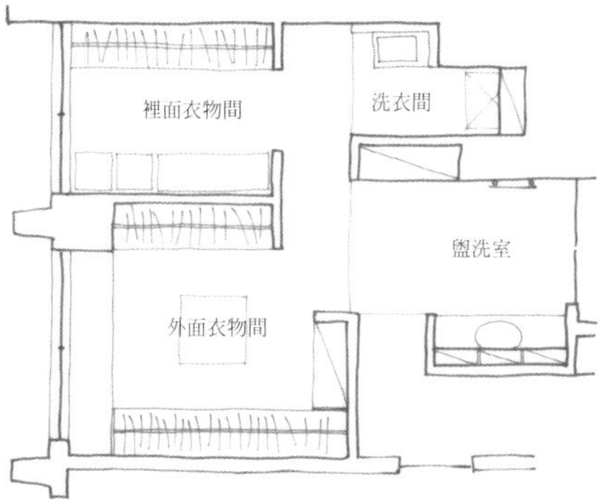

外面衣物間與裡面衣物間

從衣物間到盥洗更衣室還有裡面的浴室是一直線的排列

洗衣間、盥洗更衣室的案例

洗手台與浴室

從盥洗室望向衣物間

全身鏡與洗衣籃

洗衣台與洗衣劑

很多人希望盥洗更衣室與洗衣間是可以在裡面輕鬆度過，這邊要介紹的是這些空間也可以追求美觀設計的例子。一般市面上販售的清潔劑或者洗髮精的瓶子，是為了在商場架上顯目引人注意而設計，如果就這樣擺進這些空間，當場就決定了這個空間的氛圍。因此也可以使用講究天然素材的商品，用完再將它們的瓶子拿來裝其它商品。為了在喜歡的屋內空間保持良好的氣氛而下了一些工夫的例子其實還滿多的。

洗面台上所放置的物品

裝了圓窗之後，看起來就像是鳥或魚的臉龐

弧形的家

私人道路的三角窗地所蓋的房子。北邊因為受到高度斜線限制的緣故，所以斜面屋頂所造成的角度跟圓形的弧面牆壁就成了房屋的特色。而且這個三角錐形的中央還裝上了圓窗，這樣一來就像是鳥或魚嘴巴往上開口的可愛臉龐。其實這面圓弧形的牆壁，是為了讓裡面的房間也可以接受到從天而降的光線特別設計，同一個時間，房屋內外牆壁的表情是不同的。

與玄關並列的小物

玄關前面一直都是門牌燈與門牌、門鈴與郵箱這些必要的設備。首先使用相同寬度的門牌燈與信箱，然後門牌與門鈴製作成同一個金屬體。雖然也可以做成信箱口在外面，屋內可以直接拿取信件的形式，不過這裡是不在外面牆壁開一個洞，而是直接掛郵箱在外面的形式。以屋內的條件還有玄關的使用方式為根據，找出最好的方法，並且不斷地檢討並與屋主討論是最為重要的。

門牌組合裝置在門簷下方，以最方便使用的位置來裝設

這是門牌燈與信箱買現成品的例子

平常拉門打開時的狀態（上）
當格子拉門關上時，就可以將廁所的入口遮蔽起來

室內的格子門

樓梯與直形格子板大多數都是以扶手欄杆居多，不過這裡格子有一部分是做成可滑動的拉門，但不是可關緊的形式，而這是出自於屋主的要求。不過格子板的強度、濕度的變化會影響基底是否會變形的問題，還有拉門門邊的強度與剛性的問題等等，課題其實很多，但是在工程行與木匠師傅的智慧與技術的協助下，總算完成了。格子門的開與關之間的動作，可看得出是很美的日式木作。

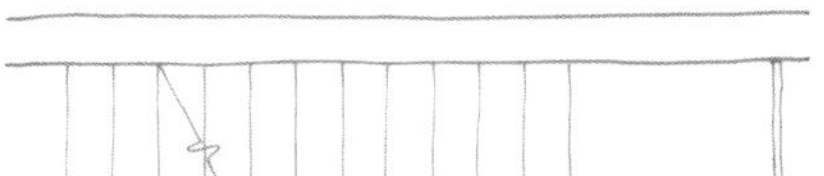

細緻的格子門與日式木作窗門，也可以成為樓梯構造的一部分

從天而降的光線：半地下室的書齋

外面的牆壁是圓弧造型，房屋的內側就成了這樣的形狀。除了可以讓精神穩定下來的天窗以外，沒有什麼其它東西的書房，如果可以的話，就設置在半地下的地方，屋主作了以上的要求。所以將圓弧形牆壁的天花板部分，作成像上弦月般的天窗，降下來的光線會柔和地照亮圓弧形的牆壁。這才是會讓時間停止的空間。

安裝在圓弧形牆壁上的書架與書桌也有相同的圓弧造型

進入玄關後所見之物6

將玄關就這樣做成圖書室，然後也可舉辦工作坊或研究會議，這是當初設計這個空間的目的。雖然會擺放桌椅，但是不曉得會有多少人參加，所以希望有個大階梯，讓大家可以稍微倚靠、坐著，憑著屋主「希望可以坐滿人」的感覺，所以設計了三層的大樓梯並安裝了Tape Light，讓這個空間更有特色。不僅是可以接待親朋好友的玄關，還是個能輕鬆自在使用的空間。

可以倚靠住腰部的大階梯有安裝Tape Light

可以輕鬆坐下來的大階梯

玄關一進來後所映入眼簾的是往上的樓梯與頂天立地的書架

玄關收納的上方可以看見隔壁人家的草木

有天窗的浴室

浴室的天窗不僅斷熱性質高，而且因為受到水蒸氣的影響，所以基本上應該會起霧，不過這樣反而還不錯。雖然在寒冷的夜晚想要一邊泡澡、一邊欣賞星空是不太可能，但在大熱天一邊看著藍色的天空、一邊泡著溫水應該是可以做得到。而且最重要的是，白天的天窗所照射下來的光線，可以照亮整個浴室，光是這樣的良好氣氛就令人忍不住想體驗入浴。

從浴室往外，充滿著光線的氣氛真的很好

浴室有著可以接收光線的天窗與可以通風的小窗

在盥洗室往浴室方向看，可以看見窗外的草木

玄關一進來正好面對的是挑空的空間，所以庭院與天空都可以映入眼簾

進入玄關後所見之物7

要進去客廳的這個門也是兩側都是玻璃

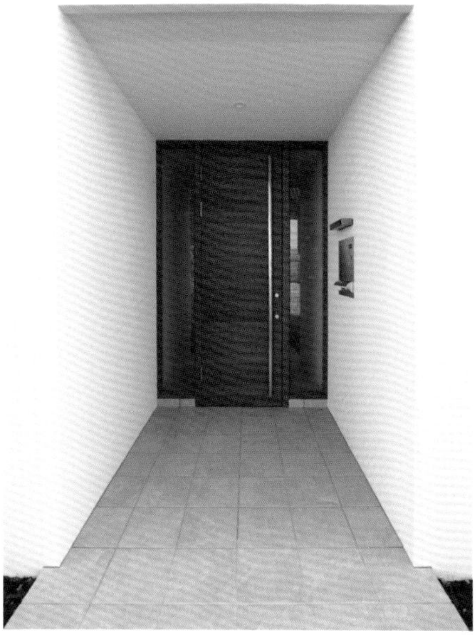

光可以從玄關門的兩側玻璃照射進去

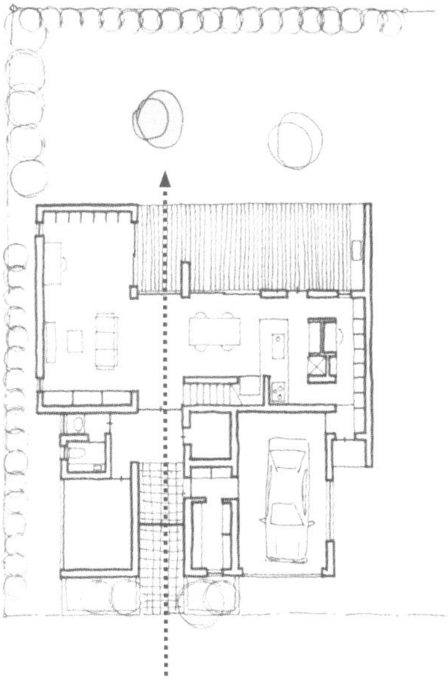

從玄關一進來，面對的是最裡面的象徵樹
也就是白樺

從門口進來穿越玄關大廳，轉入客餐廳與廚房的空間，與玄關的一樣的範圍是做成挑空的，所以就會看到落地的大窗戶出來迎接客人。在外面木板的前方，是有象徵意義的白樺木，而再過去則種有白樫木，剛好可以阻隔外來的視線。而這個挑空空間位於客廳與餐廳的中間，所以並未擺放任何家具。

與露台很搭的流理台下方的收納櫃裡面，收放著戶外用品

室外BBQ專用KITCHEN

耐得住雨及陽光侵襲的水泥流理台

因為希望可以常在面向庭院的大型露台烤肉，屋主提出烤網等器具髒了有流理台可以清洗的要求。因此打算用水泥來做成流理台，因為不僅不容易髒，不管是風雨或陽光都不容易劣化。水龍頭則選用平常廚房用的蓮蓬頭式水龍頭。只要能方便收拾清理的話，就更能放心地享受烤肉的樂趣，而且沒有了麻煩的事，才會想要再次去做，如此一來，露台與庭園就會成為具有功能的常用場所了。

施工中的水泥流理台

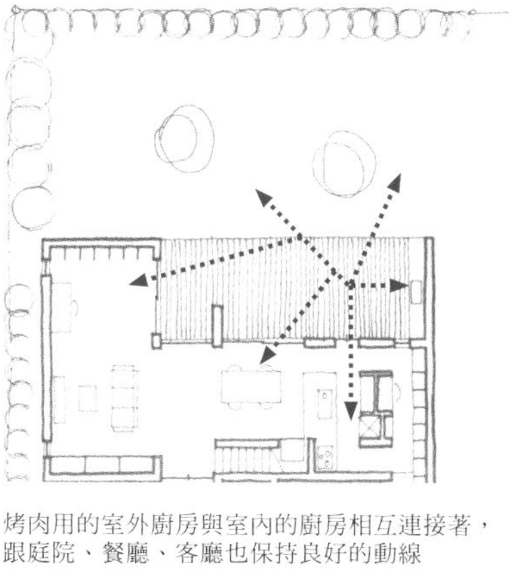

烤肉用的室外廚房與室內的廚房相互連接著，跟庭院、餐廳、客廳也保持良好的動線

用洗衣籃來連結家事間與盥洗更衣室

有小朋友的家庭，一下要照顧小孩，一下又要清潔髒汙等，特別是將家事當中最重要的是洗衣的流程是否有效率，這也變成每天時間的節省與減少壓力的重點。像這個案例，在浴室前脫掉的衣服與用過的毛巾可以送到隔壁的家事間，而晒衣場與收納櫃也與家事間相連。

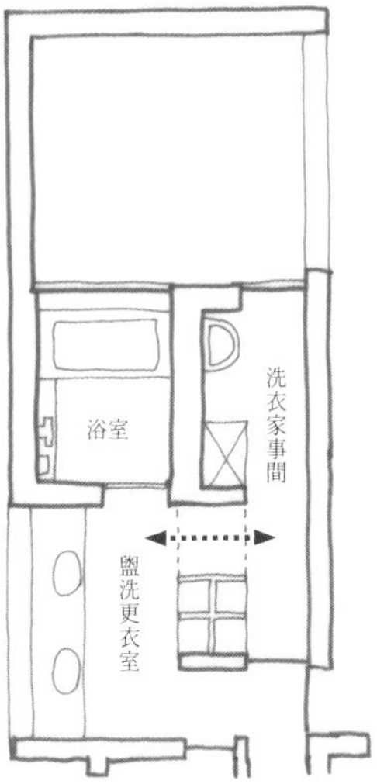

洗衣籃與家事間互通，可以將籃子直接拉出來

這裡有毛巾與內衣的收納櫃，要換洗的衣物直接送到隔壁的洗衣家事間

這裡有毛巾與內衣的收納櫃，要換洗的
衣物直接送到隔壁的洗衣家事間

一進玄關後，樓梯的前方可以看見公園的樹木與天空

從玄關上方的通道所看見的公園

進入玄關後所見之物8

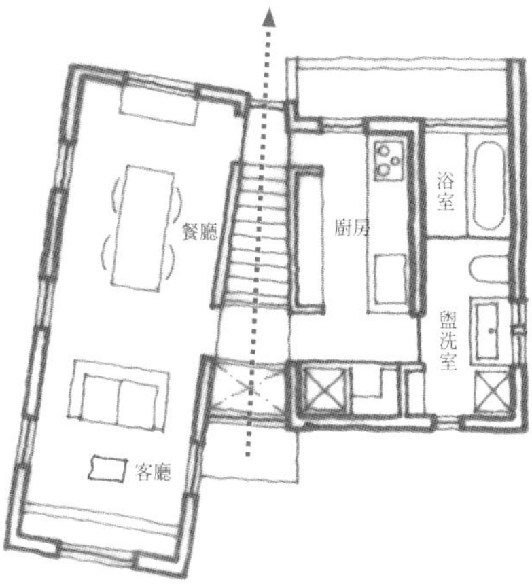

這個案子是為了在很小的面積中能效使用空間，不斷地研究之下得來的結果。因此最後是進了玄關之後，所面對的就是樓梯這樣的結果。並且為了活化畸形地，而將這個角度範圍內全部由樓梯來吸收，做成往深處行走的梯形樓梯。上樓後會看見公園的樹木及上樓梯前所看見的天空，會抹拭掉「玄關樓梯」的刻板印象，反而是華麗舞台的反差。

小型住家的微彎長走廊

稍微彎曲的通道底端安裝鏡子，因而有種前往深處的感覺

中央樓梯的左右所延伸出的通道，反映出建地的形狀所造成的彎曲角度

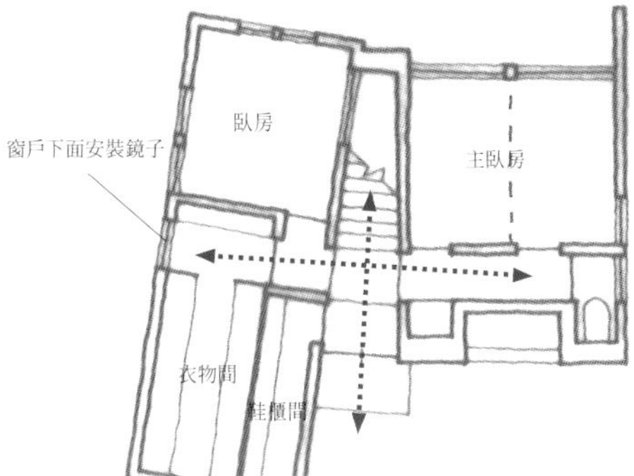

與建地界線直角交叉所延伸出去的左右通道會在中央樓梯的位置會合

這是不滿25坪的小住宅，但只要將動線位置設計好，就會有房屋內又深又長的感覺。也因為受到建地的南北界限範圍的影響，所以通道變得有點稍微彎曲，因此更能製造出往深處走的效果。

完全不浪費的回遊動線

從客廳望向餐廳，可以看見公園還有天空

從餐廳位置視線穿越樓梯所看見的廚房

樓梯設置在廚房與餐廳之間。樓梯的空間會造成客廳、餐廳與廚房有寬廣的效果。而且將樓梯兩側的空間連結起來，會形成圓圈式的回遊動線，這樣反而會有房屋好像很大的錯覺。

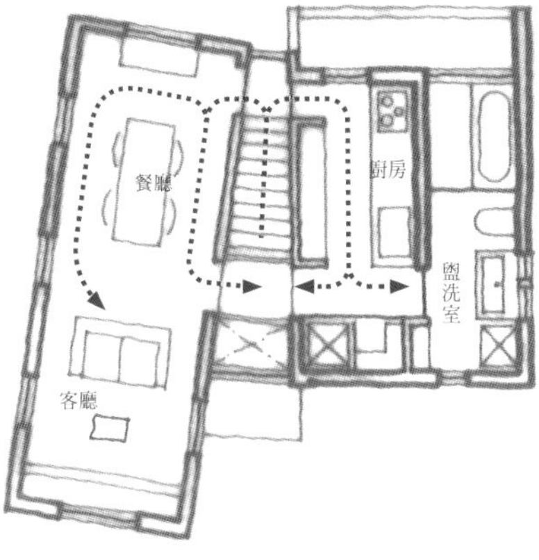

以樓梯的周邊來繞圈的回遊動線

西側靠公園這一邊裝設了一個讓對面的櫻花樹映入眼簾的窗戶

可以看見公園樹木的窗和可以看見天空的窗

東邊因為很接近鄰居，裝設了一個可以看見天空的高窗

天花板比較高的客餐廳東西兩側裝設有可以看得到景色的窗戶。西邊由於要欣賞對面公園的櫻花樹，所以安裝了一個大窗戶，不過東邊因為離隔壁鄰居很近，因此在高處位置裝設了一個可以看得天空的窗戶。南北邊則是裝設了可以通風的窗戶。在南邊的高處位置裝設了一個可以從太陽的方位了解季節與時刻變化的「日晷窗」。

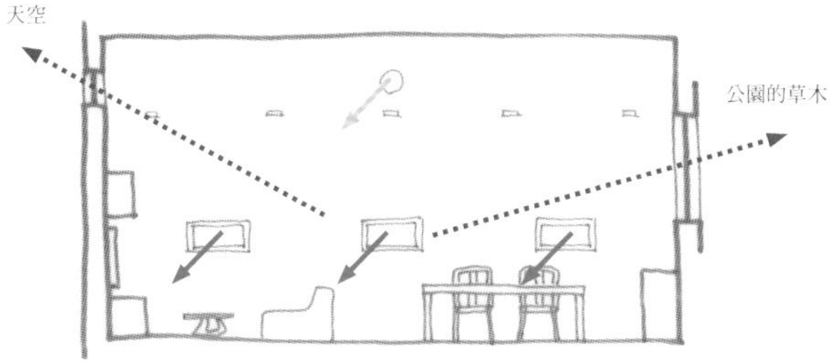

南邊則是裝設了可以看到太陽位置的高窗

廚房包括流理台等共有3面都貼上了磁磚

同種磁磚運用在三種空間中

廁所在裝有馬桶的牆上半面貼磁磚

紐約地下鐵用的磁磚，叫做地鐵磁磚，其實是受到日本陶瓷器的影響。屋主想要在廚房用這種磁磚，我認為既然要用的話，那乾脆浴室和廁所也用同一種磚好了，這樣同一種磁磚就可以增加使用範圍。具有特色的磁磚，在家中不同的場所使用，明明就是不同大小的空間與用途，卻能產生統一的感覺。例如老家使用的馬賽克磁磚、祖父母家裡地板的光澤等等，這些素材所對在此生活度日的人，特別是在這個家成長的小孩，一定會帶來很大的影響。

浴室則是所有的牆面都貼著相同的磁磚

善用色彩的趣味：臥房、衣物間、書房

最裡面的臥房使用黑灰色牆壁，衣物間
則是紅色牆壁

主臥使用比較濃一點的沙棕色（sand
beige），間接照明則是伴隨著色彩
漂浮在空中

在臥房的亮灰色（Light Gray）牆壁上安
裝了塗上白色木材著色漆的工作桌與層板

衣物間裡面是紅色牆壁與核桃色
的家具

主臥設置了書架（裝飾架），格子裡面的顏色是不規則粉紅（random pink）

書房牆壁的其中一部分漆成芥末黃（mustard yellow）

這些是部分牆壁、天花板或家具塗裝顏色的案例。顏色的種類或塗裝的範圍主要都是依照個人喜好。然後根據屋主所好，再從整體的平衡來調整以達成。

相對於使用太多顏色的室內空間，被自然光照射的樓梯部分是黑色的玄昌石與白色鐵件

兒童房下鋪內的牆壁粉刷成粉紅色

鑽進格子門後，在玄關門口前所拍下的蔚藍天空

不會淋到雨的中庭

打開大門後進到中庭，這裡也是玄關門打開後的空間。當初本來是要在玄關門上裝置屋簷以防雨淋。後來決定為了不讓中庭太暗，所以有必要設置透明的屋簷，便開始討論要安裝什麼比較適合。考量到建蔽率還有一些空間，乾脆中庭全體皆使用聚碳酸酯（Polycarbonate）做成的透明屋頂。

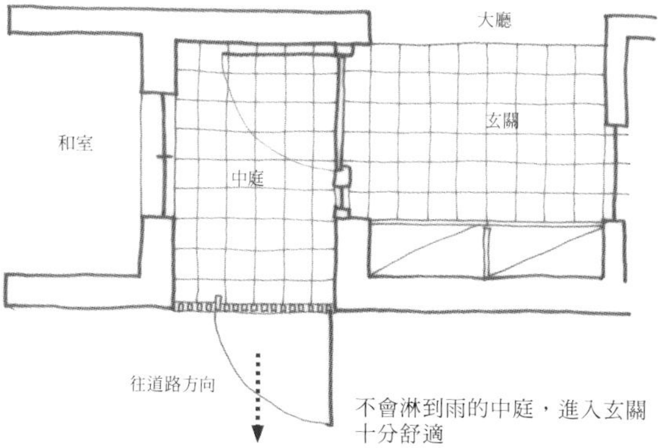

不會淋到雨的中庭，進入玄關十分舒適

三角窗邊間的家：白色牆面上的木窗與格子木板

因為建地面對的方向是與正北方有一點偏離的方向，所以建築物有兩個方向受到北邊斜線限制。因為以南方為頂點，面北方向全部斜面去除的，所以立面的四面，形成片狀。雖然是複雜的形狀，但是在三角窗邊間地所蓋起來的樣子卻是十分簡潔。雖然是極簡造型但不管是木窗或手印留在外牆上等等溫暖的素材，調整房屋外觀的印象。

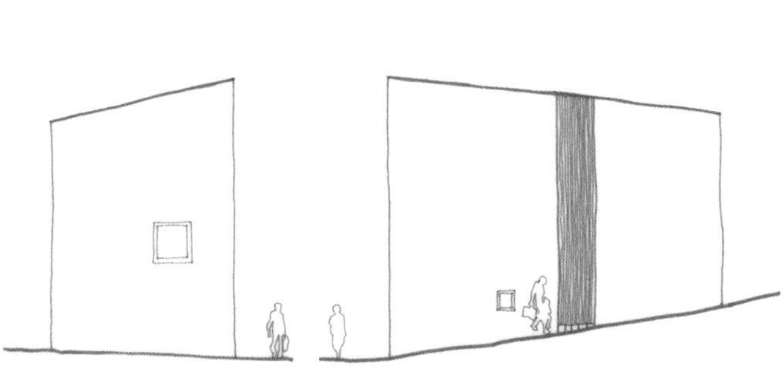

不僅屋頂是斜的，道路前方的兩個方向的通道也是斜坡

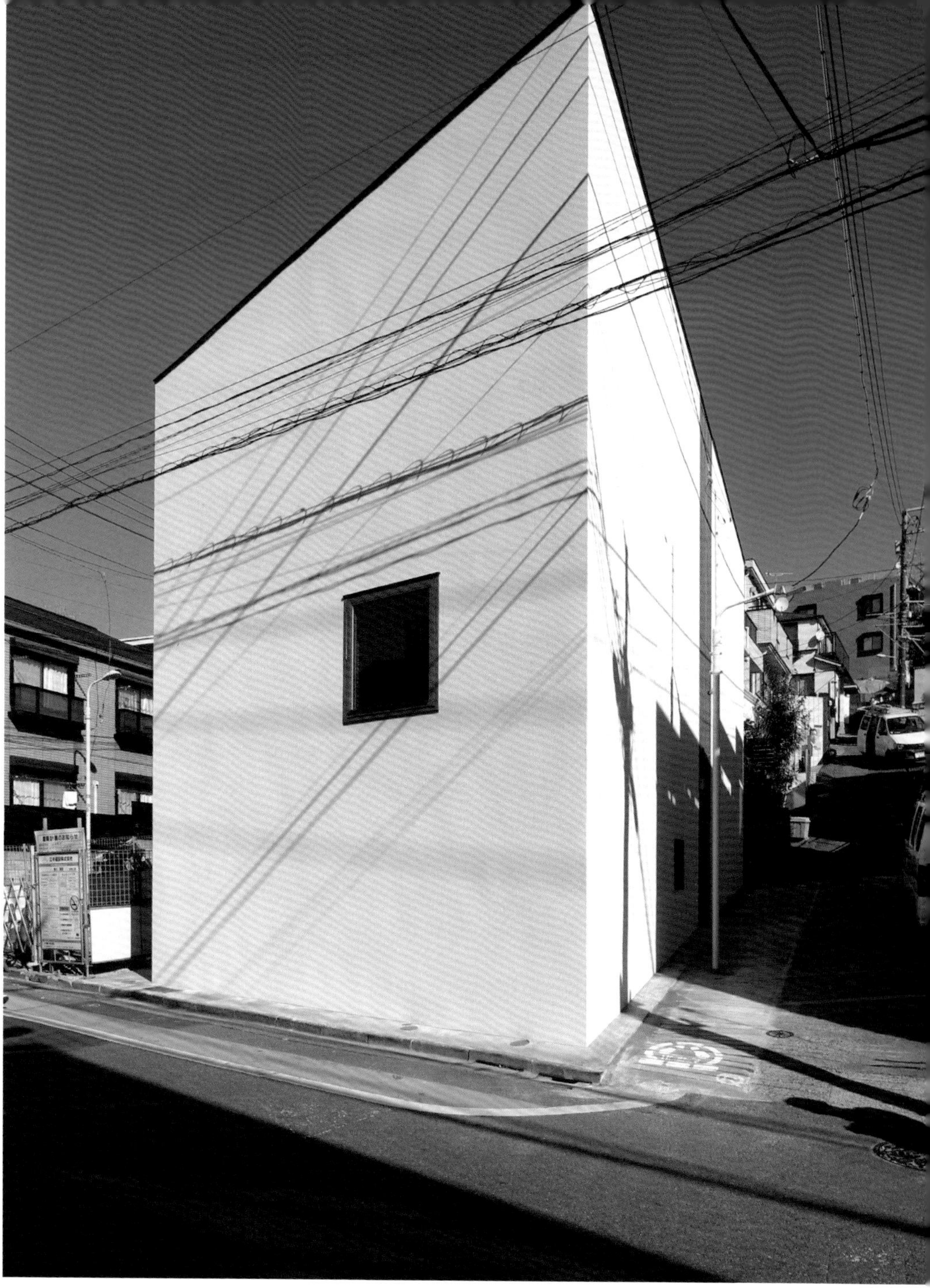

簡單的外觀會給人一股冷調的印象，
不過木製窗框與外牆塗裝平衡原來的印象

用Skip Floor連結與區隔空間

在中間的樓層可以看到上下兩方的樓梯

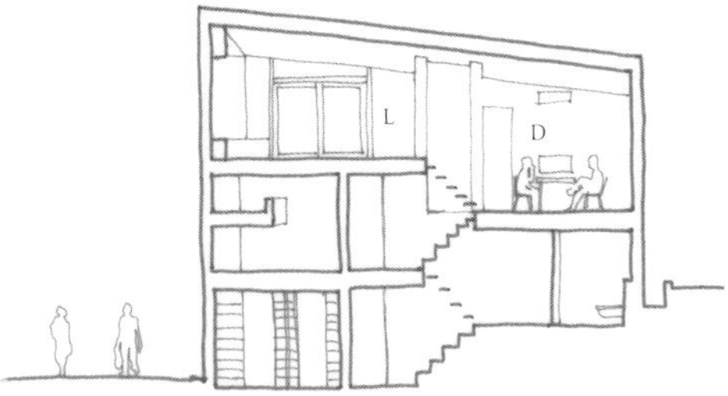

利用樓梯中間的平台空間來適度區隔，最上層構成一個大型的單一空間

樓梯兩側夾住了中庭，建築物兩個分開的部分被連結在一起

沿著坡道蓋的建築物，有一半是受到北邊斜線限制的緣故，只蓋了兩層樓，另一半則是以半地下的地蓋了三層樓。在連結每一部分的樓梯兩側設置了中庭，而在上下樓梯所設置的空間看似連結了每個空間，卻也良善的區隔彼此。最上一層的客餐廳雖然是分開成兩個部分，卻是在同一個大天花板之下，其中還有中庭的大玻璃介入，柔和地連結每一個房間。

從客廳望向餐廳，兩處以同一個天花板來連結

餐廳穿越中庭與客廳相連

①希望樓梯扶手可以有捲圈圈的形狀，是這一切設計的由來

在與屋主快樂的會議之中所達成的設計其實並不少。討論到樓梯的扶手時，「可以做出漩渦形狀嗎」，就是這段對話開始的設計。後來還替這個漩渦取名為「BAKABON」（譯註：日本漫畫人物），最後連玄關門的把手也決定用漩渦形狀的。努力思考形狀是當然要做的，不過將主意轉換成數值以及圖面化的作業也是必要的，最後完成則是靠工廠的專業師傅給予幫助。

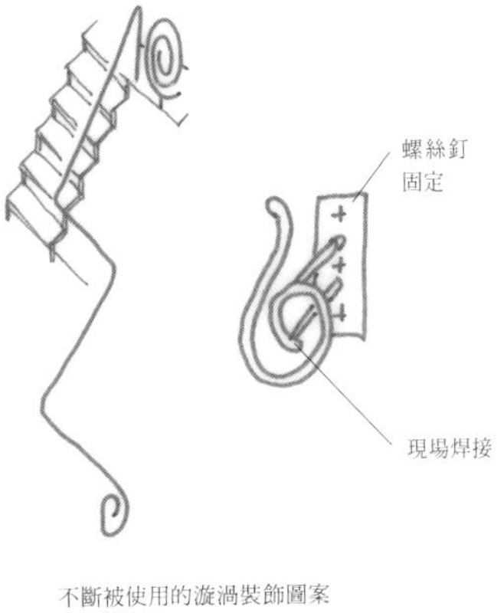

不斷被使用的漩渦裝飾圖案

漩渦狀樓梯扶手與門把

③最後就讓玄關的把手也
一起轉圈圈吧

從外面拉開的玄關門與從內側
推開的押板是同一個金屬板作
成的，非常具有功能性

②最後決定讓最上層扶手的圈圈可以轉
多一點

些微地擴大樓梯轉角處成為藝術品展示區

因為是房間及不同樓層的連接處，在有跳層（Skip Floor）的房屋，樓梯幾乎變成家的中心。一般而言，樓梯間轉角處頂多只是加個門而已，是個既普通又無聊的空間。這個案例則是將牆壁再加大半間左右，即成為三幅畫的藝廊了。計畫一開始屋主曾經為了這三幅畫的展示房間和大家一起討論，後來決定不需要再多做一個房間，把必要的空間稍微再加大一些，就這樣以樓梯間兼藝廊的形式來解決這個問題。

決定好常設展示的三幅畫的位置，再以各自專用的燈光照射

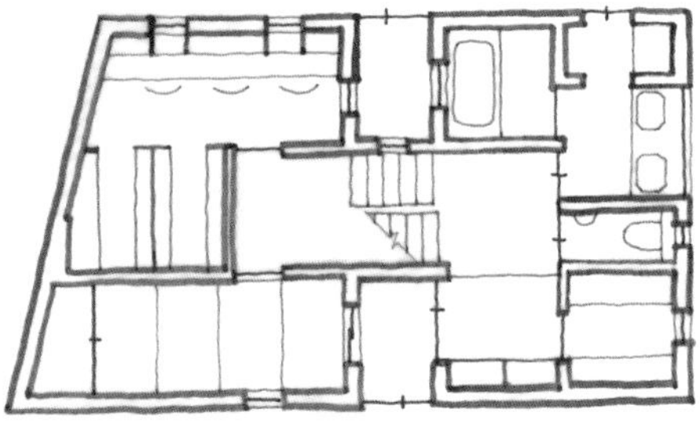

被規劃為藝廊的樓梯間轉角處

原本的設計委託是要為這三幅畫作一個展示房間

就算是毛衣也有足夠的空間可以洗滌，一體成形的大型洗衣洗手台

洗衣台也可以與洗手台整合為一體

希望盥洗更衣室可以看起來美麗一些，若以洗衣等家事的便利性為優先考量，就會呈現出生活感，這樣的問題其實常常聽到。以這個案例為例，是將洗衣用的大型洗衣台與盥洗洗手台結合為一體的檯面。這裡也為了越來越大型化的國產洗衣機設置了可以剛好收納的空間，兼具設計性與便利性。檯面下方、鏡子背面，都是十分充足的收納空間，這也是設計性與便利性兼具不可欠缺的要素。

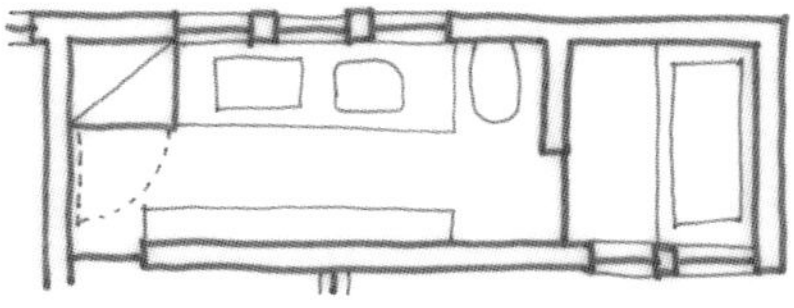

雖然洗衣機的空間是有門的，不過平常就算是一直開著也不會造成什麼問題

照片最裡面流理台的旁邊就是洗衣機的空間

新型吊燈2

在大阪BOCCI的20個燈進行裝置工程的同時，接到東京這邊也要相同品牌的照明，在房間內部呈現出空中浮游樣貌的委託。不規則的浮游在空中，最主要的原則就是相同高度的燈球千萬不要裝置在旁邊。還有在發出訂單前，必須用與實物大小相同的保麗龍球（styrol，苯乙烯），掛在空中確認狀況並決定好線管的長度後再下訂單。

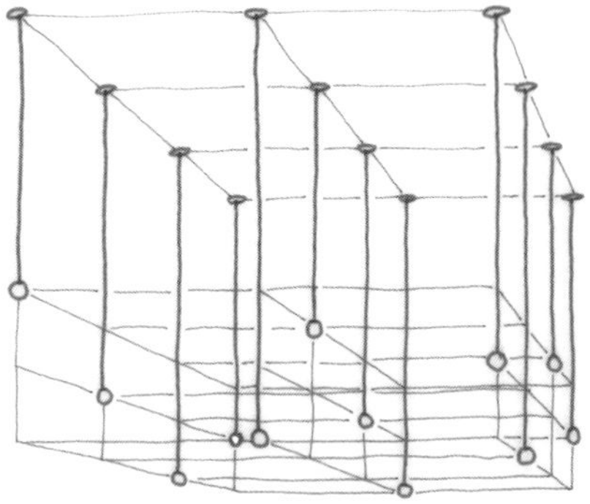

燈球不規則的空中浮游，唯一的規則就是同樣高度的燈球不要擺放在一起

在照明設備的訂單發出前，先以一樣大小的保麗龍球來做高度確認

與保麗龍球相同位置來裝設照明設備

確認製作標準之後精心打造的防火窗

以不用通過防火認定的小窗來分攤這一面窗

地方政府規定窗戶必須使用防火認定品的情形以都市居多，然後多數地方政府也規定2013年12月以後必須使用政府認可的個別品牌鋁製窗框（經過性能測試合格的），除此之外不能使用。目前為止的認知是金屬窗比較不易燃燒，所以木製窗框的檢驗相對比較嚴格，不過木製窗框可以搭配大型的窗戶，其實也是可以達成防火的狀況。這個案例選擇了具有保養性的鋁窗，而且是選擇不需要經過防火認定的尺寸來分攤這一面窗，這樣反而也成了設計的要素。

面向東邊的這一面大窗戶因為屋外有屋簷，所以可以控制陽光照射

這一大面窗戶是採用固定窗（FIX窗），中間混了一個外推窗來做換氣使用

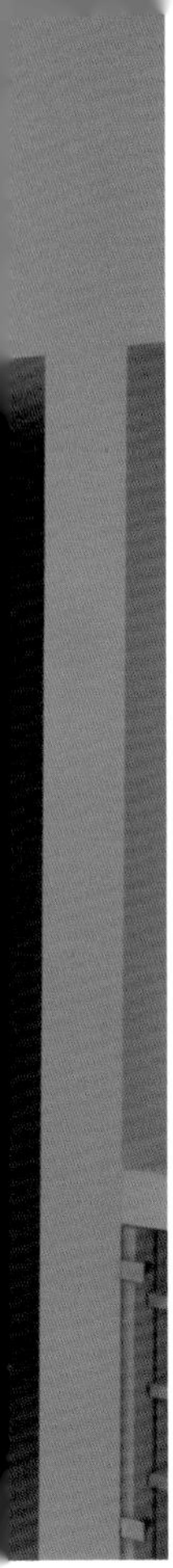

廚房和閣樓的窗戶與玻璃櫥櫃

從客廳這邊望向餐廳

廚房流理台與餐廳連結的窗戶，以及閣樓的窗戶與玻璃櫥櫃都是相同的寬度

長期在倫敦居住的屋主希望可以在老舊的煉瓦牆塗上白色油漆，而在廚房靠近餐廳這一邊的牆壁也一樣塗上白漆。這一面牆壁上下各裝設了兩個玻璃展示櫥櫃，並安裝燈光，而這兩個櫥櫃的高度是有按照煉瓦層數來計畫的。上面閣樓的窗戶，也與下面的玻璃櫥櫃和廚房的開口窗保持一樣的寬度，做出一致性的存在感。

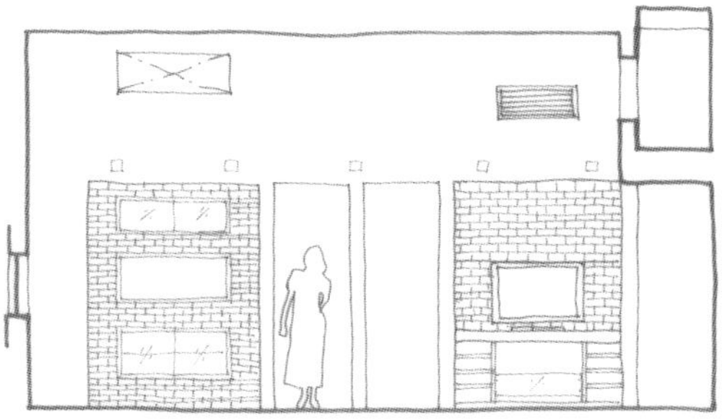

廚房的開口窗這一面牆壁是煉瓦牆加上白色油漆，高度則是根據煉瓦的層數做過計算而完工的

茶室與二樓的陽台相互連接

牆壁與天花板連結在一起的茶室

屋主提出想要一個不同於一般形狀，不是日常空間能夠想像，用來招待客人的茶室。因為原本天花板頗高，所以提出可以在牆壁上做出像窗戶上面的圓弧造型，如此一來天花板也是一樣的弧度，並延續對面牆壁而下，並且因為不需要爐火，所以不用在天花板上掛上自在鉤（譯註）。因為不在天花板上安裝照明燈具，但是在地板上置放可提式燈具也很不方便，所以在平面牆壁上安裝聚光燈來往上照射弧面的天花板。

有點半圓型的弧線

茶室與二樓的陽台相互連接

朝著弧形天花板往上照的聚光燈

南邊的牆壁成為天花板之後又繼續變成了北邊的牆壁

譯註　自在鉤：日式房屋與茶室會在天花板掛上自在鉤，用來掛茶壺或鍋子

這是通往閣樓主要空間的通道，旁邊一側是面向挑高客廳的細長型窗戶

就像藝廊一樣的屋頂閣樓通道

閣樓空間比所允許的天花板高度１４０公分還低，要搬運物品會比較困難。這個案例的閣樓主要空間在樓梯的對面位置，必須做出一個通道。既然是這樣形狀的通道，為了讓這個場所成為了一個充滿魅力的空間，在通道的一部分設置了面向挑高客廳的三個並排的細長型窗戶。因受到高度限制的關係，而衍生出通道的一部份成為了像藝廊一樣的趣味性，正因如此，或許真的可以掛幾幅畫成為很好的展示空間呢。

從客廳看見的通道的細長窗

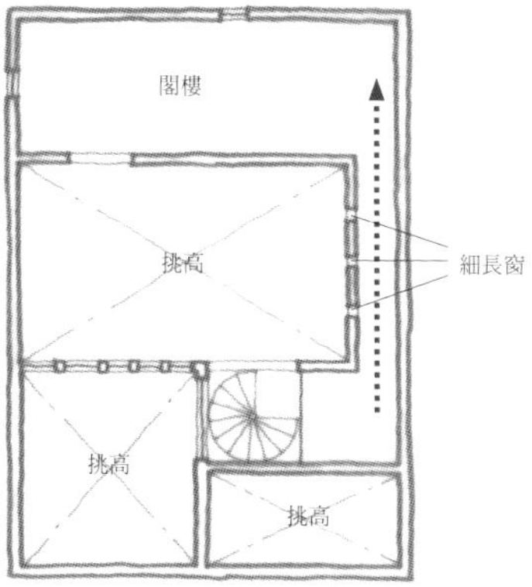

閣樓的主要空間在樓梯的對面位置

左手邊是order kitchen，右手邊則是請木工師傅現場製作與廚房搭配的家具

用白色塗板拼出延續感的廚房

木工師傅製作的特殊加工門板，不會輸給order kitchen

廚房使用的是GAGGENAU的爐具等等，有很多講究的器具

用白色的木材著色劑塗裝的白色地板、白色牆壁與白色天花板。廚房要用白色材質的話有很多種選擇，屋主則是選用了白色美耐板，這是一種絕妙的均衡，即使沒有放置任何東西在上面，也可以感受到溫暖。這裡應該要特別寫下的是order kitchen與木工師傅製作家具的組合。如果要特殊製作門板的話，相對於order kitchen，木工師傅的工程不僅不遜色，還可以壓低價格。不過如果要這樣做的話，必要條件就是要找施工時會確實拿起現場施工圖相互對照的工程行，以及要具有高超技術的木工師傅才行。

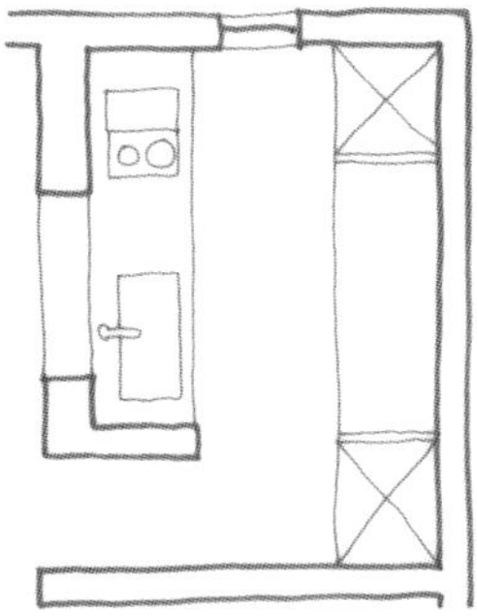

左邊是order kitchen，右邊是木工師傅製作的家具

從模型開始的
確認作業

建築物一開始是在２Ｄ的圖面上做初步規劃，但是建築物完工後是３Ｄ空間，只憑圖面的話，無法瞭解立體的位置關係以及彼此的連結，所以要有立體形狀才能展現出真正的氛圍。照片中埋頭凝視簡報模型是屋主的小兒子。這麼熱心地仔細端詳，對於辛苦負責這項工作的員工而言，已是最大的回報了。雖然這是花了時間與預算所做出的大模型，不過當有初步基本構想時，就得做出簡單的模型來參考。

玄關收納的裝飾物品

把基本設計時的模型拿來當成裝飾品

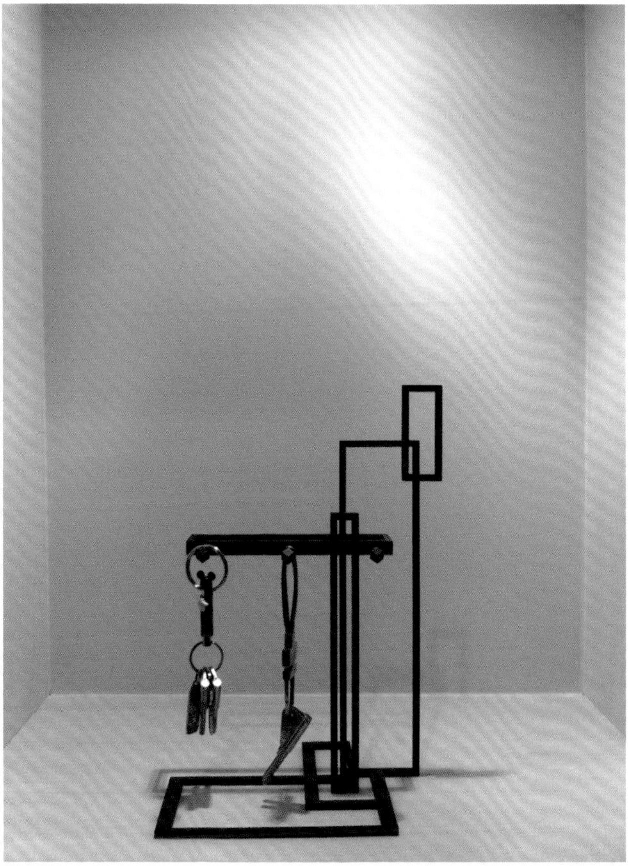

玄關收納的裝飾棚架上的鑰匙支架

在玄關置放安裝著明亮燈光的裝飾棚架還滿多的。也有些家庭會用當季的花束或喜歡的畫作來裝飾玄關以歡迎客人到來。上面照片是完工後拜訪屋主時，玄關所擺放的裝飾品。不僅是藝術品同時也是兼具日常生活機能的放置鑰匙的地方。另一個例子則不是置放在玄關，而是將基本設計時的模型放置在家中一角當成裝飾品。將完工後的實際房屋的袖珍模型（miniature）置放在房屋內部的模樣，形成了有趣又令人愉快的畫面。

作者後記

蓋一個家其實要花費相當大的勞力與資源，同時也可以實現眾多的夢想，是一件非常快樂的事情。如果有遇到大案子想要盡情地享受這份快樂的話，務必讓這本書可以幫得上忙。

這本書的完成要感謝許多的屋主，及負責設計、工程、監工等工作人員，還有給予我機會能集結這本書的X-Knowledge出版社的三輪浩之先生、在排版和編輯給予協助的高田綾子，文案與設計讓本書更臻完善的Lyric的相川藍與早川渡，藉此機會向各位表達最誠摯的謝意。

最後，在本書第七十八到八十七頁曾向大家介紹過的房屋的屋主先生，為本書所寫的文章在此與各位讀者分享。

將充滿回憶的物品置放在窗邊

彥根先生打造的家很美

過去曾經在南非住過周遭有著美麗景色的複合式住宅。自宅的露台面向著誰也無法窺視的屬於自己的森林，每天早上都有奏起美麗音色的鳥兒到訪我的露台，伴隨這樣美麗的畫面，快樂地享受著早餐還有飲茶時間。這就是我現在住宅的創作原點。

回到東京後，心裡很清楚想要再過這樣的生活應該很難了，不過還是在等待著可以遇到令我朝思暮想有著美麗景色的土地。同時也在找尋著當我遇到這片土地的時候，可以與我的感性相合以及可以信賴的建築家，最後我遇到了，就是彥根明先生。

彥根先生打造的家很美。不僅是很美，而且還是住進去後才會瞭解的真正的優美。不管是風的流動或是光線的進入方式的計算，藉由取得大自然的力量，讓你覺得越是在這間房屋生活，越會覺得很美好。就像彥根明先生的人品也是如此。

打造一間房屋最重要的是，比起這一間住宅的功能性，與周遭環境的調和才是住在這間房屋的家庭會住起來感到很舒服的關鍵點。而這是在很多眼睛所看不見的地方，必須很細心用心地去打造才是最重要的。

把建築設計的工作委託給彥根先生的當下，對於我的住宅打造這件事情就已經覺得很安心了，不過兩個禮拜一次去確認一下狀況，看著好像謎題般的每一段作業工程完成時，卻也讓我覺得樂在其中，很想永遠繼續這樣下去的感覺。當感到困惑時，彥根先生確實的建議與誠實的人品，值得屋主交託與信賴。最後希望日本能增加許多許多美麗的房屋。

（承蒙屋主先生的寄稿）

彥根明 Akira Hikone

經歷

1962年 出生於埼玉縣
1981年 東京學藝大學附設高中畢業
1985年 東京藝術大學建築系畢業
1987年 同校建築研究所修畢
1987年 進入磯崎新工作室
1990年 設立彥根建築設計事務所（同時設立彥根Andrea）
1990年 - 東海大學兼任講師
2010年 - 一般社團法人建築家住宅協會 理事

得獎

1993年 日經 NEW OFFICE 獎 中部NEW OFFICE推動獎
第24回富山縣建築獎
1994年 日本建築師協會聯合會獎
GOOD DESIGN AWARD
2003年 GOOD DESIGN AWARD
2008年 日本建築家協會 優秀建築選2008
日本建築學會 作品選集2009
2010年 日本建築家協會 優秀建築選2010
2011年 GOOD DESIGN AWARD
日本建築家協會 優秀建築選2011
2012年 第32回 INAX 設計比賽 銀獎

Solution 90 日本建築師最懂！舒適好宅設計無私大公開

作者　彥根明
譯者　紀奕川
責任編輯　楊宜倩
封面設計　莊佳芳
內頁編排　楊晏誌
行銷企劃　呂睿穎
版權專員　吳怡萱

發行人　何飛鵬
總經理　李淑霞
社長　林孟葦
總編輯　張麗寶
叢書主編　楊宜倩
叢書副主編　許嘉芬

出版　城邦文化事業股份有限公司 麥浩斯出版
E-mail　cs@myhomelife.com.tw
地址　104 台北市中山區民生東路二段141號8樓
電話　02-2500-7578
發行　英屬蓋曼群島商家庭傳媒股份有限公司城邦分公司
地址　104 台北市中山區民生東路二段141號2樓
讀者服務專線　0800-020-299（週一至週五上午09:30～12:00；下午13:30～17:00）
讀者服務傳真　02-2517-0999
讀者服務信箱　cs@cite.com.tw
劃撥帳號　1983-3516
劃撥戶名　英屬蓋曼群島商家庭傳媒股份有限公司城邦分公司

總經銷　聯合發行股份有限公司
地址　新北市新店區寶橋路235巷6弄6號2樓
電話　02-2917-8022
傳真　02-2915-6275
香港發行　城邦（香港）出版集團有限公司
地址　香港灣仔駱克道193號東超商業中心1樓
電話　852-2508-6231
傳真　852-2578-9337
新馬發行　城邦（新馬）出版集團Cite（M）Sdn. Bhd.（458372 U）
地址　41, Jalan Radin Anum, Bandar Baru Sri Petaling, 57000 Kuala Lumpur, Malaysia.
電話　603-9056-3833
傳真　603-9056-2833

製版印刷　凱林彩印股份有限公司
定價　新台幣450元
2016年10月初版一刷・Printed in Taiwan

國家圖書館出版品預行編目(CIP)資料

日本建築師最懂！舒適好宅設計無私大公開 / 彥根明著；紀奕川譯. -- 初版. -- 臺北市：麥浩斯出版：家庭傳媒城邦分公司發行, 2016.10
面；　公分. -- (Solution ; 90)
ISBN 978-986-408-214-8(平裝)

1.房屋建築 2.室內設計 3.空間設計

441.5
105018698